Joachim Hack

DEUTSCHE AUTOS

Die schönsten Modelle seit 1945

HEEL

Joachim Hack

DEUTSCHE AUTOS

Die schönsten Modelle seit 1945

HEEL

Impressum

HEEL Verlag GmbH
Gut Pottscheidt
53639 Königswinter
Tel.: 02223 9230-0
Fax: 02223 9230 -26
E-Mail: Info@heel-verlag.de
Internet: www.heel-verlag.de

Verantwortlich für den Inhalt:
Joachim Hack

Lektorat:
Joachim Hack

Gestaltung, Satz und Lithographie:
Ralf Kolmsee
F5 Mediengestaltung
Königswinter

Printed in Slovenia

ISBN 978-3-86852-177-1

Inhalt

Vorwort

Die deutsche Automobilindustrie – das darf man wohl behaupten – hat in den letzten rund sechzig Jahren eine atemberaubende Entwicklung genommen. Wenn man bedenkt, dass in der Vorkriegszeit der Motorisierungsgrad in Deutschland deutlich geringer war als in den großen europäischen Nachbarländern und im zweiten Weltkrieg fast alle Industriebetriebe total zerstört wurden, ist das bis heute Erreichte noch umso eindrucksvoller.

Der Grund für diesen Erfolg ist einfach zu beschreiben. Die Manager und Ingenieure der deutschen Hersteller haben – bei allen Höhen und Tiefen der letzten Jahrzehnte und trotz mancher Irrwege – insgesamt exzellent gearbeitet. Sie haben hervorragende Autos geschaffen, die weltweit große Anerkennung erfuhren und erfahren. Stärker denn je stehen heute Automobile aus Deutschland im internationalen Wettbewerbsumfeld für Wertigkeit, Innovation, Qualität und Effizienz. Sie nehmen damit vielfach eine weltweit führende Position ein – trotz stärkster Konkurrenz.

In diesem Buch haben wir fast 500 deutsche Autos aus acht Jahrzehnten zusammengestellt, die in Wort und Bild porträtiert werden. Sie legen Zeugnis ab von der Kreativität ihrer Ingenieure und Gestalter, von der Weitsichtigkeit und gelegentlich auch vom Mut ihrer Hersteller. Nicht alle Fahrzeuge in unserer Auswahl sind im eigentlichen Sinne schön – zumal Schönheit ja bekanntlich im Auge des Betrachters liegt. Aber sie zeigen, dass deutsche Autos in der Vergangenheit wie in der Gegenwart stets interessant und in ihrer Art unverwechselbar waren und sind. Man darf zuversichtlich sein, dass sich dies auch in Zukunft, unter immer schwieriger werdenden Rahmenbedingungen und ständig neuen Herausforderungen nicht ändern wird.

In diesem Sinne wünsche ich Ihnen, liebe Autofans, viel Spaß beim Schmökern in diesem Buch.

Joachim Hack

K RJ 413

S CD 1337

GG BO 100

Adler Trumpf, Primus, Trumpf Junior

Baujahr	1932-1941
Motor-Bauart	Vierzylinder (Reihe)
Hubraum (cm³)	995, 1504, 1645
Leistung (PS/U/min)	25/4000, 32/4000, 38/3800
Vmax in (km/h)	90 bis 100
Bauart	Limousine (2-türig), Roadster, Cabriolet
Produktionszahl	100.000

Die renommierte Frankfurter Automobil- und Motorradfirma Adler überzeugte das deutsche Publikum mit dem 1935 auf den Markt gebrachten Trumpf. Ein kleiner Wagen, nach modernsten Prinzipien mit Frontantrieb konzipiert, und nach typisch deutscher Manier eher nüchtern, durchdacht und praxisgerecht gestaltet. Attraktiv war die große Palette an lieferbaren Karosserieaufbauten. Zur Auswahl standen Limousine, Cabriolimousine, Cabrio und Roadster. Die robusten Vierzylinder-Triebwerke stellten bis zu 38 PS bereit und sorgten zwar nicht für überschäumendes Temperament, boten dafür aber – gemessen am seinerzeitigen Standard – hohe Betriebssicherheit.

Amphicar (Modell 770)

Baujahr	1961-1968
Motor-Bauart	Vierzylinder (Reihe)
Hubraum (cm³)	1147
Leistung (PS/U/min)	38/4750
Vmax in (km/h)	115
Bauart	Cabriolet
Produktionszahl	3500

Wer schon immer ein Auto haben wollte, das auch als veritables Boot eingesetzt werden konnte, war mit Hans Trippels Amphicar-Konzept nicht schlecht bedient. Man musste sich aber darüber im Klaren sein, dass dieses Fahrzeug Beides nicht besonders gut konnte: Als Straßenfahrzeug war es mit seinem kleinvolumigen Triumph-Herald-Motor zu langsam, und das Fahrverhalten ist nicht allzu Vertrauen erweckend. Als Boot ist es schwerfällig und mangels eines echten Ruders kaum zu manövrieren.

Audi Typ R Imperator

Baujahr	1928-1932
Motor-Bauart	Achtzylinder (Reihe)
Hubraum (cm³)	4872
Leistung (PS/U/min)	100/3300
Vmax in (km/h)	120
Bauart	Limousine (4-türig), Cabriolet (2-/4-türig)
Produktionszahl	145

Für August Horch, den früheren Gründer und Direktor der gleichnamigen Automobilfirma und jetzigen Audi-Chef, war klar, dass dieses imposante Fahrzeug vor allem eines musste: gegen die Horch-Fahrzeuge antreten und eine gute Figur machen – um auch nach fast 20 Jahren jene Scharte auszuwetzen, die ihn 1909 zum Verlassen der eigenen Firma bewogen hatte. Der Imperator zeigte sich technisch und formal sehr konservativ, verfügte aber über die Insignien eines Automobils der Superluxusklasse, zum Beispiel einen Reihenachtzylindermotor mit 5 Litern Hubraum und legendärer Laufruhe. Verkauft werden konnte das noble Modell in schwierigen Zeiten aber kaum.

Audi Front (Typ UW, 225, 225 Luxus)

Baujahr	1933-1938
Motor-Bauart	Sechszylinder (Reihe)
Hubraum (cm³)	1950, 2257
Leistung (PS/U/min)	40/3500, 50/3300, 55/3800
Vmax in (km/h)	100 bis 105
Bauart	Limousine, Cabriolet, Roadster (Einzelstück)
Produktionszahl	4408 (davon: 25 Spezial-Cabriolets, 1 Roadster)

Die wirtschaftlich schwer angeschlagene Firma Audi war im neuen Markenverbund Auto Union aufgefangen worden und profitierte in Sachen Frontantrieb vom technischen Know-how, das DKW darin eingebracht hatte. Das 1933 präsentierte Modell Front verfügte erstmals über diesen und machte den Wagen zu einem hochmodernen Angebot der gehobenen Mittelklasse. Mit den 2 bzw. 2,3 Liter großen Sechszylinder-Triebwerken und Leistungen bis 55 PS war man seinerzeit mehr als angemessen motorisiert – aus der Krise konnte der Front die Marke aber nicht befreien.

Audi

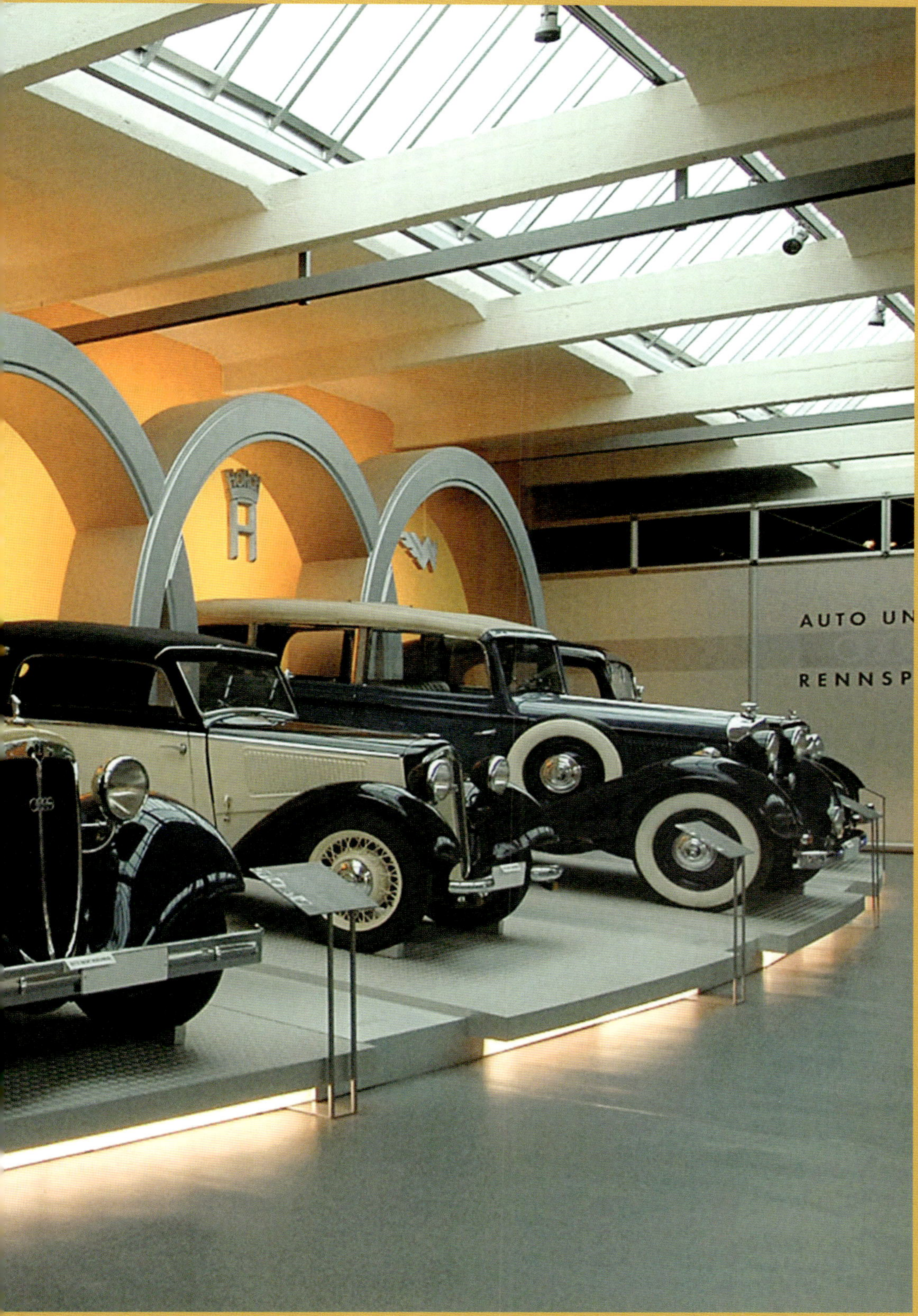
AUTO UN
RENNSP

Audi 920

Baujahr	1938-1940
Motor-Bauart	Sechszylinder (Reihe)
Hubraum (cm³)	3281
Leistung (PS/U/min)	75 bei 3000
Vmax in (km/h)	130
Bauart	Limousine, Cabriolet
Produktionszahl	1281

Der zweite Weltkrieg warf bereits seinen Schatten voraus, da brachte Audi den modern gezeichneten und konzipierten Typ 920 auf den Markt. Das mit einem 3,2-Liter-Sechszylinder mit obenliegender Nockenwelle ausgestattete Fahrzeug war als Limousine und Cabriolet lieferbar und befand sich auch stilistisch voll auf der Höhe. Leider verlangten die Zeiten nicht gerade Autos solchen Zuschnitts, und wenn, dann konnte sie nur Mercedes-Benz in nennenswerten Stückzahlen verkaufen. So versank die Vorkriegsgeschichte der Marke Audi in den Trümmern – wiederbelebt wurde der einstmals berühmte Name erst unter völlig neuen Strukturen im Jahr 1965.

Audi (Audi, Audi 75, Audi 80, Audi Super 90, Audi 60)

Baujahr	1965-1972
Motor-Bauart	Vierzylinder (Reihe)
Hubraum (cm³)	1496, 1696, 1770
Leistung (PS/U/min)	55 bei 4750 bis 90 bei 5200
Vmax in (km/h)	137 bis 163
Bauart	Limousine (2-türig), Limousine (4-türig), Kombi
Produktionszahl	416.852

Die neuen Audi-Modelle entstanden nach dem Verkauf der Auto Union GmbH durch Daimler-Benz unter der Ägide des neuen Besitzers Volkswagen. Nach dem Schwanengesang des Zweitaktheulers DKW F 102 hatte man schon mit dem schlicht „Audi" genannten Viertakt-Erstling einen gelungenen Anfang gemacht. Die nachfolgenden Typen 60, 75, 80 und Super 90 setzten mit ihren sogenannten Mitteldruckmotoren technische Akzente, die die Basis für Audis sensationelle Aufwärtsentwicklung darstellten.

Audi 100 Limousine (Werkscode C1)

Baujahr	1968-1976
Motor-Bauart	Vierzylinder (Reihe)
Hubraum (cm³)	1760, 1871
Leistung (PS/U/min)	80 bei 5000 bis 112 bei 5700
Vmax in (km/h)	156 bis 180
Bauart	Limousine (2-türig), Limousine (4-türig)
Produktionszahl	796.787

Audis Einstieg in die gehobene Mittelklasse begann 1968. Der „100" markierte einen wichtigen Schritt heraus aus dem Schatten der DKW-Vergangenheit. Frontantrieb, üppiges Raumangebot und solide Technik kennzeichneten die neuen Modelle. Zahlreiche Ausstattungsvarianten konnten im Laufe der Jahre mit Motoren von 80 bis 112 PS kombiniert werden. Die Baureihe wurde zu einer echten Konkurrenz für die mittelgroßen Mercedes- und BMW-Modelle, litten aber zu Unrecht etwas unter ihrem Image als Beamtenauto.

Audi 100 Coupé S

Baujahr	1970-1976
Motor-Bauart	Vierzylinder (Reihe)
Hubraum (cm³)	1871
Leistung (PS/U/min)	112 bei 5700, 115 bei 5500
Vmax in (km/h)	185
Bauart	Coupé
Produktionszahl	30.687

Die sportliche Version der bürgerlichen Limousine sicherte sich rasch eine treue Fangemeinde. Mit etwas leistungsgesteigertem Antriebsaggregat und noblerer Ausstattung sprach es eine individualistischere Klientel an, denn Konkurrenz in diesem Marktsegment gab es bei inländischen Mitanbietern kaum. Auch heute noch gibt es einen harten Kern von Audi Coupé-Enthusiasten.

Audi 80

Baujahr	1972-1978
Motor-Bauart	Vierzylinder (Reihe)
Hubraum (cm³)	1297, 1471, 1588
Leistung (PS/U/min)	55 bei 5500, 100 bei 6000, 110 bei 6100
Vmax in (km/h)	147 bis 181
Bauart	Limousine (2-türig), Limousine (4-türig)
Produktionszahl	1.103.766

Der moderne Mittelklassewagen war Wegbereiter der späteren Erfolgsmodelle VW Passat, Golf und Scirocco, die dem angeschlagenen VW-Konzern den Weg aus der Krise wiesen. Es gab das völlig neu konstruierte Auto ab Sommer 1972 in sechs Ausstattungs- und vier Motorisierungsvarianten von 55 bis 100 PS. Besonderen Anklang fanden neben der hohen Praxistauglichkeit auch die guten Fahreigenschaften des 80ers, der die Ingolstädter auf einen steilen Erfolgsweg brachte.

Audi 50

Baujahr	1974-1978
Motor-Bauart	Vierzylinder (Reihe)
Hubraum (cm³)	1093, 1272
Leistung (PS/U/min)	50 bei 5800, 60 bei 6000, 60 bei 5600
Vmax in (km/h)	142, 152
Bauart	Limousine (2-türig)
Produktionszahl	180.812

Der neue Audi 50 wurde 1974 sofort zum Verkaufsschlager. Prompt machte ihn die Konzernmutter VW ein halbes Jahr nach Serienanlauf zu seinem optisch identischen VW Polo. Damit war das Schicksal des kleinen noblen Ingolstädters besiegelt: Im Juli 1978 wurde seine Produktion nach nur 181.000 Exemplaren eingestellt. So wurde der Kompaktwagen zu einer interessanten Fußnote der Automobilhistorie: Als erster deutscher Kleinwagen erschloss er jene Marktlücke, die bis dato von einheimischen Herstellern vernachlässigt worden war. Es gab den Audi 50 in den zwei Ausstattungsversionen LS und GLS, seine Motoren leisteten 50 oder 60 PS.

Audi 80 GTE

Baujahr	1975-1978
Motor-Bauart	Vierzylinder (Reihe)
Hubraum (cm³)	1588
Leistung (PS/U/min)	110 bei 6100
Vmax in (km/h)	178
Bauart	Limousine (2-türig), Limousine (4-türig)
Produktionszahl	k.A.

Mit 100 PS, Breitreifen und sportlichen Ausstattungsmerkmalen hatte Audi seinen 80 GT versehen und damit zwei Jahre vor dem Golf GTI erahnt, wohin der Trend laufen würde. Im Herbst 1975 kam dann der noch einmal aufgewertete 80 GTE mit Bosch K-Jetronic-Benzineinspritzung, den es bald darauf auch viertürig zu kaufen gab. Seine gut im Saft stehenden 110 PS reichten für eine Spitze von über 180 km/h aus, womit er sich auch im Konkurrenzvergleich nicht verstecken musste.

Audi 100 (Werkscode C43)

Baujahr	1976-1982
Motor-Bauart	Vierzylinder (Reihe)
Hubraum (cm³)	1588, 1984, 2144
Leistung (PS/U/min)	85 bei 5600, 115 bei 5500, 136 bei 5700
Vmax in (km/h)	160 bis 190
Bauart	Limousine (2-türig), Limousine (4-türig)
Produktionszahl	896.299

Die zweite Generation des Audi 100 setzte die Erfolgsgeschichte der Modellreihe ungebremst fort. Sicherheit und Komfort hatten im Fokus der Entwicklungsarbeit gestanden. Das Motorenangebot umfasste zwei Vierzylinder mit 1,6 bzw. 2 Litern Hubraum sowie einen innovativen 2,2-Liter-Fünfzylinder, der – laut Audi – die Vorzüge eines Sechszylinders wie Laufkultur und Leistungsniveau aufwies ohne dessen Nachteile in Sachen Fertigungskosten, Wartung und Wirtschaftlichkeit in Kauf nehmen zu müssen.

Audi 200 (200, 200 5E, 200 5T)

Audis erster Versuch, in der Oberklasse mit den dort marktbeherrschenden Konkurrenten aus Stuttgart und München zu konkurrieren, konnte immerhin als Achtungserfolg gelten. Der 200 ähnelte noch zu stark dem 100er und litt vor allem unter einem massiven Imagenachteil. Technisch befand er sich schon auf Augenhöhe mit den Wettbewerbern und vor allem der 2,2-Liter-Fünfzylinder-Turbomotor hatte seinen ganz eigenen Reiz und war ein erstes markantes Indiz für das, was sich im Lauf der nächsten zwei Jahrzehnte bei Audi tun sollte. Der „Vorsprung durch Technik" sollte sich als weit mehr erweisen, denn als bloßer Werbespruch.

Baujahr	1980-1982
Motor-Bauart	Fünfzylinder (Reihe)
Hubraum (cm³)	2144
Leistung (PS/U/min)	136 bei 5700 bis 170 bei 5300
Vmax in (km/h)	184 bis 203
Bauart	Limousine (4-türig)
Produktionszahl	ca. 50.000

Audi Coupé

Baujahr	1980-1987
Motor-Bauart	Vierzylinder (Reihe)
Hubraum (cm³)	1781, 1921, 1944, 2226
Leistung (PS/U/min)	75 bei 4500 bis 90 bei 5200, 115 bei 5900 bis 136 bei 5700
Vmax in (km/h)	170 bis 200
Bauart	Coupé
Produktionszahl	207.657

Ein voller Erfolg wurde das viersitzige Coupé auf Audi-80-Basis, das die Ingolstädter 1980 auf den Markt brachten. Der Schachzug war geschickt: Die optische Verwandtschaft zum innovativen Prestige-Modell quattro gab dem bürgerlich motorisierten und spezifizierten Normal-Coupé den nötigen Schub. An den grundsätzlichen Qualitäten der Baureihe gab es ohnehin nichts zu mäkeln. Grundsolide, sparsam, mit ordentlichem Raumangebot und den lebhaften Vier- und Fünfzylindermotoren war das Coupé eine rundweg gute Wahl für sportlich gesonnene Kleinfamilien, denen Manta und Capri nicht seriös genug waren.

Audi quattro

Baujahr	1980-1990
Motor-Bauart	Fünfzylinder (Reihe)
Hubraum (cm³)	2144
Leistung (PS/U/min)	200 bei 5800
Vmax in (km/h)	235
Bauart	Coupé
Produktionszahl	11.429

Der quattro war das Auto, das die Marke Audi in bisher nie gekannte Höhen katapultierte und als ernst zu nehmenden Herausforderer im Premium-Segment etablierte. Nicht mehr unspannende Familienkutschen waren das Thema, sondern mit einem Mal die sexy Welt des Motorsports auf Weltniveau und eindrucksvolle Hochtechnologie. Mit seinem 200 PS starken Turbo-Fünfzylinder samt Vierradantrieb sowie seinem martialischen Auftritt mit bauchigen Kotflügelverbreiterungen setzte er einen ersten starken Impuls für einen nachhaltigen Wandel des Markenimage. Auch in Sachen Fahrdynamik setzte der quattro neue Maßstäbe. Der Markt akzeptierte ihn ohne Wenn und Aber – fast 11.500 Exemplare des teuren Nischenmodells fanden in der rund achtjährigen Produktionszeit einen Käufer.

Audi 80 quattro

Im Glanz des „großen" quattro sonnte sich auch der Audi 80. 1982 präsentierten die Ingolstädter ein allradgetriebene Spitzenversion des 80ers, die nur von Fünfzylinder-Triebwerken befeuert wurde, entweder mit 2 oder 2,2 Litern Hubraum, aber stets ohne Turbolader. Das machte insgesamt ein durchaus interessantes Paket, es geriet aber ein wenig zu teuer, um Kunden vom 190er Mercedes-Benz oder 3er BMW zu einem Auto zu ziehen, das wie ein Audi 80 aussah und letztlich auch einer war. Die Publikumsresonanz blieb deshalb mau: Nach nur knapp drei Jahren verschwand der 80 quattro sang- und klanglos wieder vom Markt.

Baujahr	1982-1984
Motor-Bauart	Fünfzylinder (Reihe)
Hubraum (cm³)	1944, 2144
Leistung (PS/U/min)	115 bei 5400, 136 bei 5900
Vmax in (km/h)	184, 195
Bauart	Limousine (2-türig), Limousine (4-türig)
Produktionszahl	k.A.

Audi Sport quattro

Ein ganz heißes Eisen, auch wenn es ein wenig skurril aussah. Der Sport quattro war ein nur in limitierter Stückzahl als reines Motorsport-Basisfahrzeug hergestelltes Spezialmodell, das Belange der Ästhetik und unbedingter Alltagstauglichkeit bewusst außer Acht ließ. Handlichkeit, Leistung und Fahrdynamik waren die alles entscheidenden Faktoren. Ein radikal gekürzter Radstand, satte 306 PS aus dem aufgeladenen 2,2-Liter-Fünfzylinder und hochentwickelte Fahrwerkstechnik prädestinierten den Sport quattro zu einem Auto für Spezialisten – aber auch sein Preis: Wer eines der 220 gebauten Exemplare sein Eigen nennen wollte, musste 1984 stolze 200.000 D-Mark berappen.

Baujahr	1984-1984
Motor-Bauart	Fünfzylinder (Reihe)
Hubraum (cm³)	2133
Leistung (PS/U/min)	306 bei 6700
Vmax in (km/h)	250
Bauart	Coupé
Produktionszahl	220

Audi V8

Die Ingolstädter näherten sich ihrem Ziel, sich als dritter Oberklasse-Wettbewerber neben Mercedes-Benz und BMW zu positionieren, langsam aber stetig. Der nächste Schritt auf der Leiter – nach dem 200 – war der Audi V8, eine optisch dem seinerzeitigen Audi 100 sehr nahe stehende Nobel-Limousine, die erstmals in der jüngeren Audi-Geschichte von einem Achtzylindermotor angetrieben wurde. Der edel ausgestattete Wagen verfügte serienmäßig über Vierradantrieb und war mit seinen maximal 280 PS souverän motorisiert – aber auch er litt noch unter mangelnder Akzeptanz bei der potenziellen Käuferschicht.

Baujahr	1988-1994
Motor-Bauart	V8
Hubraum (cm³)	3562, 4172
Leistung (PS/U/min)	250 bei 5800, 280 bei 5800
Vmax in (km/h)	235 bis 252
Bauart	Limousine (4-türig)
Produktionszahl	ca. 21.000

Audi A6 (Werkscode C5)

Die konsequente Weiterentwicklung des Erfolgsmodells Audi 100 führte zum A6. Der sollte das Jahrzehnte lang etwas behäbige Image der Audi-Fahrzeuge mächtig aufpolieren – was ihm auch mühelos gelang. Allgemein gefällige und dennoch nicht beliebige Optik gepaart mit ausgeprägten technischen Talenten und exzellenter Produktqualität machten den A6 zum ernst zu nehmenden Herausforderer für die BMW 5er Reihe und die Mercedes-Benz E-Klasse. Niemand sprach nun noch über Audi als Hersteller von Beamtenautos…

Baujahr	1997-2003
Motor-Bauart	V6, V8
Hubraum (cm³)	1781 bis 4172
Leistung (PS/U/min)	110 bei 4150 bis 300 bei 6200
Vmax in (km/h)	190 bis 250
Bauart	Limousine (4-türig), Kombi (5-türig)
Produktionszahl	k.A.

Audi TT

Etwas harzig begann 1998 die Karriere des TT: Die ersten ausgelieferten Fahrzeuge des sportlichen 2+2-Sitzers hatten Stabilitätsprobleme im Hochgeschwindigkeitsbereich. Nach einigen schweren Unfällen, die womöglich auf diese Probleme zurückzuführen waren, reagierten die Ingolstädter prompt, riefen die bereits in Kundenhand befindlichen Fahrzeuge zurück und rüsteten ab sofort alle TT mit einem Abtrieb fördernden Heckspoiler aus. Damit waren zwar die Schwächen des Fahrverhaltens kuriert, die Optik des Sport-Audi für manchen Betrachter aber ruiniert. Bald erinnerte sich kaum noch jemand an dieses Thema – der TT etablierte sich fortan in seiner Klasse bestens.

Baujahr	1998-2005
Motor-Bauart	Vierzylinder (Reihe)
Hubraum (cm³)	1781 bis 3189
Leistung (PS/U/min)	150 bei 5500 bis 250 bei 6500
Vmax in (km/h)	210 bis 240
Bauart	Coupé
Produktionszahl	k.A.

Audi A2

Für Audi-Verhältnisse zum Misserfolg geriet der höchst aufwändig konzipierte A2. Aus heutiger Sicht war er seiner Zeit weit voraus, aber vor allem zu teuer. Entwicklungsschwerpunkt war eine Reduzierung des Kraftstoffverbrauchs, die über geringes Gewicht (mittels Einsatz der Aluminium-Spaceframe-Technologie), eine exzellente Aerodynamik und auf Sparsamkeit getrimmte Motoren erreicht werden sollte. Dies alles hatte seinen Preis und forderte hie und da eine gewisse Kompromissbereitschaft. Das kollektive Umweltbewusstsein war 1999 jedoch noch nicht so weit, und dementsprechend wirkte der A2 ein wenig wie ein erhobener Zeigefinger auf vier Rädern.

Baujahr	1999-2005
Motor-Bauart	Dreizylinder, Vierzylinder (Reihe)
Hubraum (cm^3)	1390 bis 1598
Leistung (PS/U/min)	75 bei 5000 bis 110 bei 5800
Vmax in (km/h)	170 bis 200
Bauart	Limousine (5-türig)
Produktionszahl	k.A.

Audi A8

Seit jeher hängen die Trauben im Oberklassesegment national wie international sehr hoch. Speziell Mercedes-Benz legte über Jahrzehnte die Messlatte im Bereich der Spitzen-Limousinen. Audi wollte nach eher zaghaften Versuchen mit den Typen 200 und V8 auch hier einen Pflock einschlagen und präsentierte den A8 mit innovativer Aluminium-Spaceframe-Technologie. V8-motorisiert und von seinen Qualitäten ohne Fehl und Tadel tat sich der A8 (und tut es bis heute) recht schwer, sich gegen die Konkurrenz aus Stuttgart und München auf breiter Front durchzusetzen. Das aktuelle Modell überzeugt vor allem durch modernste Triebwerkstechnologie und ein besonders stilsicher und attraktiv gestaltetes Interieur.

Baujahr	seit 2002
Motor-Bauart	V8, V12
Hubraum (cm³)	2773 bis 5998
Leistung (PS/U/min)	210 bei 5500 bis 450 bei 6200
Vmax in (km/h)	220 bis 250
Bauart	Limousine (4-türig)
Produktionszahl	k.A.

Audi A4

Der Nachfolger des Audi 80 katapultierte die Ingolstädter dorthin, wo sie sich schon immer sahen: in den Premiumbereich des jeweiligen Marktsegments. An allen Fronten des neuen Volumenmodells wurden tiefgreifende Qualitätssteigerungen realisiert. In der Gestaltung der Karosserie, des Innenraums, bei den verwendeten Materialien und beim Verarbeitungsstandard. Das seit 2007 auf dem Markt befindliche aktuelle Modell legte dabei noch einmal zu und kann im Wettbewerbsumfeld von BMW und Mercedes-Benz durchaus als bestes Angebot gelten. Die umfangreiche Motorenpalette reicht vom 1,8-Liter-Vierzylinder mit 160 PS über zahlreiche Dieseltriebwerke bis hin zum 3,2-Liter-V6.

Baujahr	seit 2007
Motor-Bauart	Vierzylinder (Reihe)
Hubraum (cm³)	1798 bis 3197
Leistung (PS/U/min)	120 bei 4200 bis 265 bei 6500
Vmax in (km/h)	190 bis 250
Bauart	Limousine (4-türig), Kombi (5-türig), Cabrio
Produktionszahl	k.A.

Audi A5

Baujahr	seit 2007
Motor-Bauart	V6, V8
Hubraum (cm³)	1798 bis 4163
Leistung (PS/U/min)	170 bei 6200 bis 354 bei 7000
Vmax in (km/h)	220 bis 250
Bauart	Coupé
Produktionszahl	k.A.

Audi erinnerte sich an eine Marktnische, die in Deutschland, aber auch auf Exportmärkten, nicht allzu stark besetzt war und die Markenwerte sowie die Qualitäten der Audi-Fahrzeuge optimal zur Geltung bringen würde: die der 2+2-sitzigen Gran Turismos, kurz GTs genannt. Eine gediegen-sportliche, nicht allzu auffällige Erscheinung, ein reisetaugliches Raumangebot und souveräne Motorisierung kennzeichneten dann auch den 2007 präsentierten A5. Außer dem Mercedes-Benz CLK war weit und breit keine Fahrzeugbaureihe zu sehen, die sich als ernsthafte Konkurrenz zum A5 hätte aufschwingen können. Auch in dieser Marktnische vermochte es Audi, sich markant in Szene zu setzen.

Audi R8

Die Strategie von Audi ist darauf abgestellt, früher oder später zum weltgrößten Hersteller von Premiumfahrzeugen aufzusteigen. Mit glasklarer Konsequenz wird diese Zielstellung verfolgt – was auch bedeutet, exklusive automobile Imageträger in die Modellpalette zu integrieren. Mit dem R8 taten die Ingolstädter 2007 diesen Schritt. Der bärenstarke Mittelmotor-Renner sollte aber weniger ein kompromissloser Hochleistungssportwagen sein, sondern vielmehr auch im Alltag und auf Reisen überzeugen. Damit trat er von seinen Fähigkeiten her eher in Konkurrenz zum Porsche 911 – freilich ohne dessen unantastbares Prestige erreichen zu können.

Baujahr	seit 2007
Motor-Bauart	V8, V10
Hubraum (cm³)	4163 bis 5204
Leistung (PS/U/min)	420 bei 7800 bis 525 bei 8000
Vmax in (km/h)	250
Bauart	Coupé
Produktionszahl	k.A.

AWS Shopper 250

Baujahr	1973-1974
Motor-Bauart	Zweizylinder-Zweitaktmotor
Hubraum (cm³)	247
Leistung (PS/U/min)	13,6 bei 5400
Vmax in (km/h)	80
Bauart	Limousine (2-türig), Cabriolet
Produktionszahl	1400

So sah in den frühen siebziger Jahren Autofahren an der Basis aus. Die vierrädrige Einkaufstasche des Kleinstherstellers AWS war auf technischer Basis des Goggomobils entstanden und eine simple aber clevere Konstruktion aus Kunststoff beschichteten planen Stahlblechen, die mittels Aluwinkeln zusammengesteckt wurden. Vor allem erfreute der Shopper betagtere Herren, die in der Nachkriegszeit nur den alten Führerschein Klasse IV erworben hatten, der sie noch zum Führen eines Automobils bis 250 cm^3 berechtigte.

Bitter CD

Baujahr	1973-1979
Motor-Bauart	V8
Hubraum (cm³)	5354
Leistung (PS/U/min)	230 bei 4700
Vmax in (km/h)	210
Bauart	Coupé
Produktionszahl	395

Erich Bitter aus Schwelm bei Wuppertal erfüllte sich seinen Traum. Der frühere Rennfahrer lancierte 1973 mit dem Bitter CD ein außergewöhnlich elegant geformtes 2+2-sitziges Luxuscoupé, dessen Technik von Opel geliefert wurde. Unter der Haube fand sich der gut 5,3 Liter große, GM-V8 aus dem Edel-Opel „Diplomat“. All das machte gehörigen Eindruck, genügte aber letztlich nicht, um der Marke Bitter eigene dauerhafte Identität zu geben. Nach immerhin etwa siebenjähriger Bauzeit wurde der CD vom Nachfolgemodell SC abgelöst.

Bitter SC

Baujahr	1981-1986
Motor-Bauart	Sechszylinder (Reihe)
Hubraum (cm³)	2968, 3849
Leistung (PS/U/min)	180 bei 5800, 210 bei 5100
Vmax in (km/h)	200 bis 225
Bauart	Coupé, Cabriolet, Limousine (4-türig)
Produktionszahl	ca. 600

Der 1981 unter erheblichen Geburtswehen von Erich Bitter auf den Markt gebrachte Nachfolger des eleganten CD bediente sich wieder bewährter Opel-Technik, diesmal stand die Senator/Omega-Baureihe Pate. So begeisternd die Linienführung des 2+2-sitzigen Coupés auch war, so problematisch war die Qualität der Ausführung und Verarbeitung des nicht gerade billigen SC. Erst der Wechsel der Fertigung zu Steyr in Österreich brachte ein akzeptables Verarbeitungsniveau. Dies alles hielt den nimmermüden Bitter indes nicht davon ab, hochfliegende Pläne für den US-Markt zu schmieden und sich mit weiteren Versionen des SC als Cabrio, Viertürer und mit Vierradantrieb zu beschäftigen. Das Mitte der achtziger Jahre dramatisch gescheiterte US-Engagement beendete dann zeitweilig Bitters Dasein als Automobilproduzent.

BMW 3/15, 3/20 („BMW Dixi")

Baujahr	1929-1932
Motor-Bauart	Vierzylinder (Reihe)
Hubraum (cm³)	749
Leistung (PS/U/min)	15 bei 3000
Vmax in (km/h)	75
Bauart	Limousine (2-türig), Roadster, Cabriolet
Produktionszahl	16.948

Der Einstieg des Flugmotoren- und Motorradbauers BMW in die Welt der Automobile erfolgte 1929 mit der Übernahme des kleinen Eisenacher Herstellers Dixi, der seinen gleichnamigen Kleinwagen – ein Lizenzbau des britischen Austin 7 – nicht ganz erfolglos vermarktete. Der im Volksmund BMW Dixi genannte Viersitzer war naturgemäß ein sehr simpel gehaltenes Mobil mit 11 PS, das aber im Grundsatz sehr gut konstruiert war und von den BMW Ingenieuren gezielt weiterentwickelt und verbessert wurde. Nach nur drei Jahren löste sich BMW gänzlich von der Austin-Vorlage und stellte mit dem 3/20 sein erstes nahezu komplett selbst konstruiertes Automobil vor.

BMW 315

Nicht zu verwechseln mit dem 3/15 Dixi war der 1934 herausgebrachte 315, der die kurz zuvor von der Marke begründete Tradition des Sechszylindermotors würdig fortsetzte. BMW war als Automobilhersteller nun schon etabliert und der 315 mit seinem 34 PS starken 1,5-Liter-Triebwerk setzte erste Akzente, die in die Zukunft wiesen. Es gab das sehr kompakte Modell als zweisitzigen Sportwagen und als Limousine, die allerdings nur über ein sehr beschränktes Platzangebot verfügte. Nicht zu vergessen: Der 315 war der erste BMW, der mit der bis heute gültigen Typen-Nomenklatur aufwartete.

Baujahr	1934-1937
Motor-Bauart	Sechszylinder (Reihe)
Hubraum (cm³)	1490
Leistung (PS/U/min)	34 bei 4000
Vmax in (km/h)	100
Bauart	Limousine (2-türig), Cabriolet
Produktionszahl	9765

BMW 328

Baujahr	1936-1940
Motor-Bauart	Sechszylinder (Reihe)
Hubraum (cm³)	1971
Leistung (PS/U/min)	80 bei 4500
Vmax in (km/h)	160
Bauart	Roadster
Produktionszahl	464

Der einzige deutsche Vorkriegssportwagen, der bis heute allgemein bekannt ist und legendären Ruf genießt (und nicht von Mercedes-Benz stammt) ist der BMW 328. Mit seinem 80 PS leistenden Sechszylindermotor war der Roadster zunächst vornehmlich für den motorsportlichen Einsatz bestimmt. Erst 1937 gab es ihn auch in einer Straßenversion zu kaufen. Für BMW – noch relativ jung im Automobilgeschäft – war er als Bannerträger des Markenimage aus heutiger Sicht von ungeheurem Wert. Natürlich repräsentierte er durch seine unbestreitbaren sportlichen Qualitäten auch die hohe Kompetenz der BMW-Ingenieure.

BMW 326

Einen Meilenstein auf dem Weg zu dem, was man heute „Premiummarke" nennt, setzte BMW mit dem 1936 auf den Markt gebrachten Typ 326. Der war gänzlich neu konzipiert und trat in Abmessungen und Motorisierung deutlich großformatiger auf als der noch recht kleine Vorgänger 315. Unter der Motorhaube des als Limousine, Cabriolet und Coupé lieferbaren 326 werkelte der Zweiliter-Sechszylinder, der noch eine große und Jahrzehnte währende Zukunft vor sich haben sollte. Kein Wunder, dass der 326 in den wenigen noch verbleibenden Jahren vor Kriegsbeginn zu einem großen Verkaufserfolg wurde.

Baujahr	1936-1941
Motor-Bauart	Sechszylinder (Reihe)
Hubraum (cm³)	1971
Leistung (PS/U/min)	50 bei 3750
Vmax in (km/h)	120
Bauart	Limousine (4-türig), Cabriolet (2-türig), Cabriolet (4-türig), Coupé
Produktionszahl	k.A.

BMW 327

Baujahr	1937-1941
Motor-Bauart	Sechszylinder (Reihe)
Hubraum (cm³)	1971
Leistung (PS/U/min)	55 bei 4500
Vmax in (km/h)	125
Bauart	Cabriolet, Coupé
Produktionszahl	327: 1304; 327/28: 569

Besonders elegant und von milder Sportlichkeit zeigte sich der 1937 vorgestellte Typ 327 als passende Ergänzung zum 328. Der als Cabriolet und Coupé (nur 1939) lieferbare Wagen überzeugte mit seiner Mischung aus repräsentativen Linien und hochwertiger Motor- und Fahrwerkstechnologie. Bis heute kann er als Ahnherr aller folgenden BMW Coupé-Modelle gelten. Die Auswirkungen des Zweiten Weltkriegs verhinderten, dass vom 327 mehr als nur rund 1300 Exemplare hergestellt wurden.

BMW 501 (501, 501 A, 501 B, 501 Sechszylinder, 501 Cabriolet und Coupé)

Aus der Periode, als BMW nur Autos für Tagelöhner und Generaldirektoren produzierte – ein seinerzeit gängiger Spruch -, stammt der „501". Der Urvater des klassischen Barockengels war BMWs erste Nachkriegskreation und gleich im obersten Marktsegment angesiedelt – ein Zustand, den die Isetta ab 1955 kompensierte. Ausgerüstet mit einer überarbeiteten Version des Zweiliter-Reihensechszylinders aus der Vorkriegszeit bot der 501 bei extrem solider Bauweise und entsprechendem Gewicht nur sehr dezente Fahrleistungen.

Baujahr	1952-1958
Motor-Bauart	Sechszylinder (Reihe)
Hubraum (cm³)	1971, 2077
Leistung (PS/U/min)	65 bei 4400, 72 bei 4500
Vmax in (km/h)	135, 145
Bauart	Limousine (4-türig)
Produktionszahl	8936

BMW 501 V8 (501 V8, 502, 2600, 3200 L, 3200 S)

Baujahr	1954-1956
Motor-Bauart	V8
Hubraum (cm³)	2580, 3168
Leistung (PS/U/min)	100 bei 4800 bis 160 bei 5600
Vmax in (km/h)	162 bis 190
Bauart	Limousine (4-türig), Cabriolet (2-türig), Cabriolet (4-türig), Coupé
Produktionszahl	ca. 13.224

Erst als die Münchner den allzu angestrengten Vorkriegs-Sechszylinder durch einen brandneuen V8 mit 2,6, später mit 3,2 Litern Hubraum ersetzten, entwickelte sich der Barockengel zu einem hochklassigen Reisewagen mit entsprechenden Kraftreserven. In echte Konkurrenz zu den „Erzfeinden" aus Stuttgart-Untertürkheim zu treten, gelang indes mit dem noblen Achtzylinder nicht-es haperte am nötigen Markenprestige. Cabrio- und Coupévarianten blieben äußerst rar.

BMW 507

Baujahr	1955-1959
Motor-Bauart	V8
Hubraum (cm³)	3168
Leistung (PS/U/min)	150 oder 160 bei 5000
Vmax in (km/h)	200 bis 220
Bauart	Cabriolet
Produktionszahl	254

BMWs Antwort auf den Mercedes-Benz 300 SL bekam die Typbezeichnung 507 und wurde noch seltener verkauft als der parallel gebaute 503 – eigentlich unverständlich, denn stilistisch und technisch brauchte er sich wahrlich nicht hinter dem Super-Benz zu verstecken. Freilich fehlten ihm im direkten Vergleich 65 PS und die verlockende Aura großartiger Motorsporterfolge – schon damals ein probates Verkaufsargument.

BMW Isetta 250, Isetta 300

Augenzwinkernd als „Schlaglochsuchgerät" oder „Knutschkugel" tituliert, spielte die Isetta in mehrerer Hinsicht eine wichtige Rolle in der Automobilgeschichte: Sie bewahrte BMW vor dem frühzeitigen Ruin und leistete einen wichtigen Beitrag beim Übergang vom Motorrad zum vollwertigen Automobil. Das hoppelnde Raumwunder verfügte über den Einzylinder-Viertakt-Motorradmotor aus der BMW R 25, der sich ordentlich plagen musste, um der Isetta ein Mitschwimmen im Verkehr zu ermöglichen..

Baujahr	1955-1962
Motor-Bauart	Einzylinder-Viertaktmotor
Hubraum (cm³)	245, 298
Leistung (PS/U/min)	12 bei 5800, 13 bei 5200
Vmax in (km/h)	85, 95
Bauart	Coupé
Produktionszahl	161.360

BMW 503 Coupé und Cabriolet

Baujahr	1956-1959
Motor-Bauart	V8
Hubraum (cm³)	3168
Leistung (PS/U/min)	140 bei 4800, 150 bei 5000
Vmax in (km/h)	190
Bauart	Coupé, Cabriolet
Produktionszahl	412

Gedacht als sportlich-elegante Ergänzung des lückenhaften Modellprogramms erwies sich der von Albrecht Graf Goertz äußerst schlicht gezeichnete „503" als echter Flop. Trotz Achtzylindermotor, exquisiter Ausstattung und Aluminiumkarosserie konnte der riesige Wagen in vier Produktionsjahren nicht mehr als 413 Käufer von seinen Qualitäten überzeugen. Heute freilich steht er schon wegen seiner Seltenheit bei BMW-Enthusiasten hoch im Kurs.

BMW 600

Die Spekulation, dass eine vergrößerte Isetta mit vier breitspurigen Rädern, mehr Leistung und mehr Platz ebenso Erfolg haben müsste, ging nicht auf. Der relativ hohe Preis und ein immer kompetenter werdendes Konkurrenzumfeld, das den steigenden Ansprüchen der Autofahrer besser gerecht wurde, sorgten dafür, dass nur gerade 34.000 Exemplare in drei Jahren abgesetzt werden konnten. Mit seinem klassischen BMW-Zweizylinder-Boxermotor und Raum für vier Personen wirkt das 600-Konzept heute zukunftsträchtiger als damals.

Baujahr	1957-1959
Motor-Bauart	Zweizylinder (Boxer)
Hubraum (cm³)	582
Leistung (PS/U/min)	19,5 bei 4500
Vmax in (km/h)	103
Bauart	Coupé
Produktionszahl	34.813

BMW 700 Coupé (700 Coupé, LS Coupé, 700 Sport, 700 CS Coupé)

Baujahr	1959-1965
Motor-Bauart	Zweizylinder (Boxer)
Hubraum (cm³)	697
Leistung (PS/U/min)	30 bei 5000 bis 40 bei 5700
Vmax in (km/h)	125 bis 135
Bauart	Coupé
Produktionszahl	31.062

Auch Kleinwagenkunden mochten am Beginn der sechziger Jahre nicht auf sportlich getrimmte Coupé- oder Cabrioversionen verzichten. Der BMW 700 Sport kam diesen Wünschen entgegen. 40 PS im Heck reichten aus, um die flotte Heckschleuder auf Landstraßen unterhaltsam bewegen zu können. Heute sind diese wirtschaftlichen Klein-Sportler bei den Oldtimerfans sehr gesucht.

BMW 700 Limousine (700, LS)

Baujahr	1959-1965
Motor-Bauart	Zweizylinder (Boxer)
Hubraum (cm³)	697
Leistung (PS/U/min)	30 bei 5000, 32 bei 5000
Vmax in (km/h)	120
Bauart	Limousine (2-türig)
Produktionszahl	154.557

Ende der fünfziger, Anfang der sechziger Jahre war den deutschen Wirtschaftwunderkindern nach erwachsen aussehenden Autos, nicht mehr nach Behelfslösungen à la Isetta oder BMW 600 zumute. In höchster finanzieller Not erkannten dies schließlich die Münchner und zeigten mit dem „700", was sie konnten. Ausgereiftes Konzept, gefällige Karosserielinien und durchaus sportliche Fahreigenschaften machten die Baureihe zu dem, was BMW seinerzeit dringender brauchte als alles Andere: zu einem finanziellen Erfolg.

BMW 700 Cabriolet

Baujahr	1961-1964
Motor-Bauart	Zweizylinder (Boxer)
Hubraum (cm³)	697
Leistung (PS/U/min)	40 bei 5700
Vmax in (km/h)	135
Bauart	Cabriolet
Produktionszahl	2592

Auch Kleinwagenkunden mochten am Beginn der sechziger Jahre nicht auf sportlich getrimmte Coupé- oder Cabrioversionen verzichten. Der BMW 700 Sport kam diesen Wünschen entgegen. 40 PS im Heck reichten aus, um die flotte Heckschleuder auf Landstraßen unterhaltsam bewegen zu können. Heute sind diese wirtschaftlichen Klein-Sportler bei den Oldtimerfans sehr gesucht.

BMW 3200 CS

Baujahr	1961-1965
Motor-Bauart	V8
Hubraum (cm³)	3168
Leistung (PS/U/min)	160 bei 5600
Vmax in (km/h)	200
Bauart	Coupé
Produktionszahl	587

Bertone führte den Zeichenstift bei der Formgebung des 503-Erben „3200 CS". Ebenso wie sein Vorgänger wirkte er trotz der Verwendung BMW-typischer Stilmerkmale etwas betulich. Die überzeugende Linie eines viersitzigen Coupés wollte sich nicht recht einstellen. Unter der Haube hatte sich auch nicht viel getan: Der 3,2-Liter-V8 leistete mittlerweile 160 PS, die für angemessene, nicht aber wirklich gute Fahrleistungen sorgten. Das alte Münchner Coupé-Konzept war nach 10 Jahren relativer Erfolglosigkeit definitiv gescheitert.

BMW 1500 und 1600 („Neue Klasse", Werkscode E1)

Baujahr	1961-1966
Motor-Bauart	Vierzylinder (Reihe)
Hubraum (cm³)	1499, 1573
Leistung (PS/U/min)	80 bei 5700, 83 bei 5500
Vmax in (km/h)	148 bis 155
Bauart	Limousine (4-türig)
Produktionszahl	k.A.

Neben den kleinen 700-Modellen erwies sich die unter Aufbietung aller Mittel entwickelte „Neue Klasse" für BMW als Retter in letzter Minute. Zugleich begann mit dem „1500" eine industrielle Erfolgsstory par excellence. Bei der „Neuen Klasse" stimmte alles: Konzept, Marketing, Technik, Design und Qualität. BMW besetzte mit dieser Modellreihe jene Marktnische, in der man sich noch heute befindet: die der kompakten, sportlichen Limousinen mit dem gewissen Etwas.

BMW 1800, 1800 TI, 1800 TI/SA („Neue Klasse", Werkscode E1)

Baujahr	1963-1971
Motor-Bauart	Vierzylinder (Reihe)
Hubraum (cm³)	1773, 1766
Leistung (PS/U/min)	90 bei 5250, 110 bei 5800, 130 bei 6100
Vmax in (km/h)	162 bis 186
Bauart	Limousine (4-türig)
Produktionszahl	k.A.

Man erkannte in München schnell, dass Motorsporterfolge nach wie vor unverzichtbare Elemente der Haus-Philosophie waren. Die nötigen Anlagen hierzu brachten die Modelle der „Neuen Klasse" zweifellos mit. Der auf 1,8 Liter vergrößerte Vierzylinder des 1800 TI brachte satte 110 PS und sorgte für verblüffte Gesichter auf der Überholspur. Noch besser konnte es jedoch der in limitierter Auflage produzierte, extra sportliche TI/SA.

BMW 2000 (2000, 2000 TI, 2000 tilux, 2000 tii („Neue Klasse", Werkscode E1)

Baujahr	1966-1972
Motor-Bauart	Vierzylinder (Reihe)
Hubraum (cm³)	1990
Leistung (PS/U/min)	100 bei 5500, 120 bei 5500, 130 bei 5800
Vmax in (km/h)	164 bis 185
Bauart	Limousine (4-türig)
Produktionszahl	329.626

Die Spitzenmodelle der seinerzeit schon etablierten „Neuen Klasse" hatten ein Facelifting an Front und Heck erhalten. In der tii-Version mit mechanischer Benzineinspritzung zerrten satte 130 PS am Antriebsstrang. Das mehr auf Komfort ausgelegte tilux-Modell leistete 10 PS weniger. Als Alfa-Alternative waren diese Fahrzeuge stets ein guter Tipp, wenngleich sie heute kaum mehr zu finden sind.

BMW 1600-2, 1602, 1802, 2002, 1502 („02er Reihe")

Der Urvater der 02er-Reihe hieß 1600-2 und wies mit seinem höchst lebendigen 85-PS-Motor schon den Weg in die Zukunft. Mit den 1,8- und 2-Liter-Versionen 1802 bzw. 2002 entfaltete sich die Vielfalt der Baureihe, die dank ihrer typischen Charakteristik bald so etwas wie Kultstatus erlangte und den BMW-Automobilen ihr bis heute typisches Gepräge gab. Die einzige tiefgreifende Modellpflege gab es zur IAA 1973 mit komfortablerer Ausstattung und leichten optischen Retuschen wie eckigen Rückleuchten.

Baujahr	1966-1977
Motor-Bauart	Vierzylinder (Reihe)
Hubraum (cm³)	1573 bis 1990
Leistung (PS/U/min)	75 bei 5800, 100 bei 5500
Vmax in (km/h)	157 bis 173
Bauart	Limousine (2-türig)
Produktionszahl	753.000

BMW 1600 GT

Baujahr	1967-1968
Motor-Bauart	Vierzylinder (Reihe)
Hubraum (cm³)	1573
Leistung (PS/U/min)	105 bei 6000
Vmax in (km/h)	185
Bauart	Coupé
Produktionszahl	1259

Nach der Glas-Übernahme durch den wiedererstarkten bayerischen Erzkonkurrenten BMW, blieb in der Modellpalette kaum etwas vom Dingolfinger Erbe übrig. Der Vierzylinder-Sportwagen schien der Münchner Marketingabteilung allerdings erhaltenswert. Im Sinne der Rationalisierung gab es eine technische Anlehnung an den BMW 1600 TI, dessen Motor, Getriebe und Hinterachse der nun BMW 1600 GT genannte Wagen übernahm.

BMW 1600-2 Cabriolet

Baujahr	1967-1971
Motor-Bauart	Vierzylinder (Reihe)
Hubraum (cm³)	1573
Leistung (PS/U/min)	85 bei 5700
Vmax in (km/h)	160
Bauart	Cabriolet
Produktionszahl	k.A.

Nur mit der kleinen 85-PS-Maschine lieferbar war das von 1967 bis 1971 mit einer Baur-Karosserie versehene viersitzige Cabrio auf Basis des BMW 1600. Das war auch gut so, denn mit wesentlich mehr Motorleistung wäre die wenig steife Offen-Karosserie vollends überfordert gewesen. Aber schon mit der dezenten Motorisierung fand das hübsch ausschauende leider Cabrio nur wenige Freunde.

M TC 8869
M Z 3933

M ZZ 2299
M EH 4313

BMW CS (2800 CS, 3,0 CS, 3,0 CSL, 3,0 CSi, 2,5 CS)

Erst mit der Sechszylindermotorisierung der Coupé-Baureihe wurde diese ein Erfolg. Zusammen mit einigen tiefgreifenden Karosserieretuschen entstand so ein echter 2+2-sitziger GT von internationaler Klasse. Das sportliche Image rührte nicht zuletzt von den Erfolgen der Renncoupés her, die renommierte BMW-Tuner wie Alpina oder Schnitzer auf den Rennstrecken Europas mit großem Erfolg zum Einsatz brachten.

Baujahr	1968-1975
Motor-Bauart	Sechszylinder (Reihe)
Hubraum (cm³)	2494 bis 3153
Leistung (PS/U/min)	150 bei 6000 bis 206 bei 5600
Vmax in (km/h)	201 bis 220
Bauart	Coupé
Produktionszahl	30.546

BMW 2500, 2800, 3,0 S, 3,0 Si, 2,8 L, 3,0 L, 3,3 L, 3,3 Li (Werkscode E3)

Baujahr	1968-1977
Motor-Bauart	Sechszylinder (Reihe)
Hubraum (cm³)	2494 bis 3295
Leistung (PS/U/min)	150 bei 6000 bis 200 bei 5500
Vmax in (km/h)	190 bis 210
Bauart	Limousine (4-türig)
Produktionszahl	ca. 222.000

Ein ähnlicher Erfolg wie mit den Vierzylinder-Limousinen war BMW auch mit den großen Sechszylindern beschieden. Am Markt positioniert als sportliche Konkurrenz zu den damals noch sehr behäbigen Viertürern aus Stuttgart-Untertürkheim konnten sie sich einen festen Stamm begeisterter Fahrer sichern. Besonders die exzellenten, neukonstruierten Sechszylindermotoren brachten BMW Ruhm und Ehre. Leistungsstark, kultiviert und dabei nahezu unzerstörbar boten sie jede Menge Fahrspaß bei akzeptablen Verbrauchswerten.

BMW touring (1600 touring, 1800 touring, 2000 touring, 2000 tii touring)

Baujahr	1971-1974
Motor-Bauart	Vierzylinder (Reihe)
Hubraum (cm³)	1573 bis 1990
Leistung (PS/U/min)	85 bei 5700 bis 130 bei 5800
Vmax in (km/h)	162 bis 190
Bauart	Limousine (2-türig)
Produktionszahl	30.206

Als formal nicht ganz gelungener Versuch, die kleine BMW-Baureihe vielseitiger nutzbar zu machen, konnten sich die touring-Modelle nie so recht durchsetzen. Technisch völlig mit den Stufenheck-Limousinen identisch, war besonders der 130 PS starke 2000 tii touring ein interessantes Angebot in der Zeit massenweise heraufziehender Frontantriebskonkurrenz.

BMW 2002 Baur Cabriolet

Baujahr	1971-1975
Motor-Bauart	Vierzylinder (Reihe)
Hubraum (cm³)	1990
Leistung (PS/U/min)	100 bei 5500
Vmax in (km/h)	173
Bauart	Cabriolet
Produktionszahl	2272

Die Konsequenz aus dem Misserfolg des Vorgängers war klar – und eigentlich eine Mogelpackung: Ein Überrollbügel musste her. Er verhalf der Blechhülle zu größerer Stabilität, aber auch zu weniger Cabrio-Feeling. Als Entschädigung war der neue Offen-BMW mit dem Zweiliter-Vierzylinder in Vergaserversion ausgerüstet, der für deutlich verbesserte Fahrleistungen sorgte.

BMW 5er-Reihe, Werkscode E12 (518, 520, 520i, 525, 528, 528i, 530i, M 535i)

Im Nachklang der Olympischen Spiele stellten die Münchner im September 1972 ihre neue 5er Reihe der Öffentlichkeit vor. Und wie so häufig, setzte BMW auch gleich neue Maßstäbe, denn gut 10 Jahre nach der Einführung der „Neuen Klasse" präsentierte man ein gelungenes Konzept für die automobile obere Mittelklasse, das moderne Technik erfolgreich mit gelungenem Design und ansprechendem Komfort kombinierte. Leider sind von den über 700.000 Exemplaren, die mit 4- und 6-Zylinderreihenmotoren ausgestattet waren, nur noch sehr wenige im heutigen Straßenbild zu sehen.

Baujahr	1972-1981
Motor-Bauart	Vierzylinder (Reihe), Sechszylinder (Reihe)
Hubraum (cm³)	1766 bis 3453
Leistung (PS/U/min)	90 bei 5500 bis 218 bei 5200
Vmax in (km/h)	160 bis 222
Bauart	Limousine (4-türig)
Produktionszahl	699.094

BMW 2002 turbo

Baujahr	1973-1974
Motor-Bauart	Vierzylinder (Reihe)
Hubraum (cm³)	1990
Leistung (PS/U/min)	170 bei 5800
Vmax in (km/h)	211
Bauart	Limousine (2-türig)
Produktionszahl	1670

Da hatten sich die Münchner Marketingstrategen verkalkuliert: Der 2002 turbo passte so gar nicht in die Zeit der ersten Ölkrise mit ihren Sonntagsfahrverboten. Aggressive Optik, hohe Leistung bei hohem Verbrauch und die noch unausgegorene Turbo-Technik der frühen Jahre ließ den 2002 turbo so schnell wieder aus den Verkaufskatalogen verschwinden, wie er gekommen war – ein klassischer Fehlschlag, wenn auch ohne schwerwiegende Folgen für BMW.

BMW 3er-Reihe, Werkscode E21 (315, 316, 318, 318i, 320, 320i, 323i)

Baujahr	1975-1983
Motor-Bauart	Vierzylinder (Reihe) Sechszylinder (Reihe)
Hubraum (cm³)	1563, 1754, 1766, 1977, 1990, 2315
Leistung (PS/U/min)	75 bei 5800 bis 143 bei 6000
Vmax in (km/h)	160 bis 195
Bauart	Limousine (2-türig)
Produktionszahl	ca. 1,36 Mio

Die 1975 neu installierte 3er-Reihe markierte einen fühlbaren Einschnitt in der Modellphilosophie von BMW. Das neue Auto war erwachsener und deutlich komfortabler als die bisherigen 02-Modelle. Am Start standen 316 und 318 mit runden Einzel-Scheinwerfern und 320 und 320i mit Doppelscheinwerfern. Auf Letzteren folgte 1977 der 320 mit neuem Sechszylindermotor und 122 PS. Topmodell wurde der 1978 präsentierte 323i mit 143 PS – er definierte mit seinen ausgewogenen Qualitäten die BMW-Interpretation der sportlichen Kompaktlimousine neu.

BMW 6er-Reihe, Werkscode E24 (628 CSi, 630 CS, 633 CSi, 635 CSi, M 635 CSi)

Das Nachfolgemodell des klassischen BMW-Coupés ist längst zum Liebhaberfahrzeug geworden. Weniger kompakt in der Formgebung bot es mehr Komfort und ein weitaus besseres Raumangebot. Die Motorenpalette blieb im Prinzip erhalten, bekam jedoch ein Spitzenaggregat mit knapp 3,3 Litern Hubraum und Benzineinspritzung, später folgten noch 3,5-Liter- und Vierventilversionen.

Baujahr	1976-1989
Motor-Bauart	Sechszylinder (Reihe)
Hubraum (cm³)	2788 bis 3453
Leistung (PS/U/min)	184 bei 5800 bis 286 bei 6500
Vmax in (km/h)	210 bis 255
Bauart	Coupé)
Produktionszahl	86.216

BMW Baur Topcabriolet (Werkscode E21)

Baujahr	1977-1982
Motor-Bauart	Vierzylinder (Reihe)
Hubraum (cm³)	1563 bis 2315
Leistung (PS/U/min)	75 bei 5800 bis 143 bei 6000
Vmax in (km/h)	160 bis 192
Bauart	Cabriolet
Produktionszahl	ca. 3000

Die Stuttgarter Karosserieschmiede Baur öffnete auch das erste 3er-Modell – und zwar mit von den 02-Modellen bekannten Mitteln: Ein solide wirkender breiter Überrollbügel unterteilte die seitliche Fensterlinie und sorgte für unerschütterliche Stabilität. Das Dachmittelteil aus Kunststoff konnte heraus genommen und im Kofferraum untergebracht werden. Zusätzlich konnte man das hintere, als Faltverdeck ausgebildete Dachteil cabrioartig einklappen. Trotz des happigen Aufpreises von etwa 6000 Mark entschieden sich über 4500 Kunden für das Baur-Cabriolet, das über das BMW-Händlernetz vertrieben wurde.

BMW 7er-Reihe, Werkscode E23 (728, 728i, 730, 732i, 733i, 735i, 745i)

Zum echten Flop wurde Anfang 1980 der Versuch von BMW, eine besonders großzügig motorisierte Spitzenlimousine erfolgreich auf dem Markt zu platzieren. Man griff wieder auf den altbekannten Reihensechszylinder zurück, versah ihn aber mit einem der damals in Mode gekommenen Abgasturbolader. Unversehens fand man sich in Leistungsregionen der größten S-Klasse-V8 von Mercedes wieder. Dennoch musste BMW erfahren, dass auch mehr als 250 PS den grundsätzlichen Image-Nachteil der 7er-Reihe nicht kompensieren konnten, auch wenn ABS und Getriebeautomatik serienmäßig an Bord waren.

Baujahr	1977-1986
Motor-Bauart	Sechszylinder (Reihe)
Hubraum (cm³)	2788 bis 3430
Leistung (PS/U/min)	170 bei 5800 bis 252 bei 4900
Vmax in (km/h)	195 bis 230
Bauart	Limousine (4-türig)
Produktionszahl	285.000

BMW M1 (Werkscode E26)

Baujahr	1978-1981
Motor-Bauart	Sechszylinder (Reihe)
Hubraum (cm³)	3453
Leistung (PS/U/min)	277 bei 6500
Vmax in (km/h)	260
Bauart	Coupé
Produktionszahl	450

Ein neuer Supersportwagen betrat 1978 die Bühne. Der M1 war BMWs erster tastender Versuch in diesem bislang ungewohnten Marktsegment. Geburtswehen hatte es dabei zur Genüge gegeben: Eigentlich sollte die geplante Auflage von 450 Stück bei Lamborghini gefertigt werden. Die seinerzeit finanziell stets schwache italienische Edelschmiede zog sich allerdings kurz vor Serienanlauf aus dem Projekt zurück. Die Kleinserie wurde schließlich beim bekannten BMW-Partner Baur in Stuttgart aufgelegt. Motorisiert war der M1 mit dem 277 PS starken 24-Ventil-Triebwerk aus dem M 635CSi. Die letzten M1 standen wie Blei bei den BMW-Händlern und wurden am Ende mit massiven Preisnachlässen verkauft. Heute sind die überlebenden Fahrzeuge gesuchte und teure Sammlerstücke.

BMW 5er-Reihe, Werkscode E28 (518, 520, 520i, 525, 528, 528i, 530i, M 535i)

Baujahr	1981-1987
Motor-Bauart	Vierzylinder (Reihe)
Hubraum (cm³)	1766, 1990, 2443, 2494, 2693, 2798, 3430, 3453
Leistung (PS/U/min)	86 bei 4600 bis 286 bei 6500
Vmax in (km/h)	165 bis 2451
Bauart	Limousine (4-türig)
Produktionszahl	k.A.

Die zweite Generation des 5er BMW war der ersten wie aus dem Gesicht geschnitten. Die Grundlinie war erhalten geblieben, einige Straffungen sorgten aber für ein etwas modernisiertes Äußeres – Evolution statt Revolution hieß die Parole . Die lieferbare Motorenpalette unterschied sich nur im technischen Detail von jener der Vorgänger-Generation, zeigte aber zwei bemerkenswerte Neuzugänge: den ersten Turbodiesel im 524td und den ersten M5 mit dem fantastischen 24-Ventil-Sechszylindertriebwerk und 286 PS – mit Letzterem wurde der 5er zum Understatement-Renner der Sonderklasse.

BMW M3 (Werkscode E30S)

Schon von Weitem war der M3 zu erkennen: Dicke Kotflügelbacken und ein auffälliger Heckspoiler deuteten nicht nur an, wofür der neue Kraft-3er unter anderem auch gedacht war – er sollte als Basisfahrzeug für den internationalen Tourenwagensport dienen. Sein 2,3 Liter großer Vierzylinder war mit einem Vierventil-Zylinderkopf ausgerüstet, der dem kleinsten Spross der M-Modelle zu knapp 200 PS verhalf. Auch sonst zeigte sich der M3 von seiner besten Seite: sportlich-komfortable Ausstattung, exzellente Fahreigenschaften und robuste Technik trotz ungewöhnlich hoher Leistungswerte.

Baujahr	1986-1991
Motor-Bauart	Vierzylinder (Reihe)
Hubraum (cm³)	2302
Leistung (PS/U/min)	195 bis 215 bei 6750
Vmax in (km/h)	240
Bauart	Limousine (2-türig), Cabriolet
Produktionszahl	17.970 (Limousine), 786 (Cabrio)

BMW 750i, 750iL (Werkscode E32)

Baujahr	1987-1993
Motor-Bauart	V12
Hubraum (cm³)	4988
Leistung (PS/U/min)	300 bei 5200
Vmax in (km/h)	250
Bauart	Limousine (4-türig)
Produktionszahl	k.A.

Im Bestreben, den 7er als sportlich angehauchte Alternative zur S-Klasse von Mercedes-Benz endlich gleichrangig zu etablieren, vollzog BMW 1987 mit der Einführung eines 5-Liter-Zwölfzylinders in der 7er Reihe einen kühnen Schritt. Die prestigeträchtigste aller Motorkonfigurationen tat dem Ansehen des 7ers, aber vor allem der Marke BMW gut. Das säuselnde, 300 PS leistende V12-Kraftwerk verhalf dem großen Viertürer zu exzellenten Fahrleistungen und hohem Komfort. In der auf Wunsch lieferbaren „L"-Version mit verlängertem Radstand profilierte der 7er sich überdies als kompetente Chauffeur-Limousine.

BMW 320i Touring (Werkscode E30)

Baujahr	1987-1994
Motor-Bauart	Sechszylinder (Reihe)
Hubraum (cm³)	1990
Leistung (PS/U/min)	125 bei 5800
Vmax in (km/h)	200
Bauart	Kombi
Produktionszahl	18.035

Mit der E30-Serie der 3er Reihe tat BMW Mitte der 80er Jahre zweifellos einen Quantensprung – nicht zuletzt in Sachen lieferbarer Karosserievarianten. Hatte es den ersten 3er von 1975 bis 1983 nur als Zweitürer und allenfalls noch als Baur Topcabriolet gegeben, so wurde die Angebotspalette des E30 mit Viertürer, Cabriolet und einem hübschen Kombi namens touring massiv erweitert. Zwar war Letzterer im kompakten Format des 3ers nicht gerade ein Raumwunder, aber darauf kam es den Marketingstrategen bei BMW auch nicht in erster Linie an. Der touring-Laderaum war eher für Golfbags als für Farbeimer gedacht.

Baujahr	1988-1991
Motor-Bauart	Sechszylinder (Reihe)
Hubraum (cm³)	2494
Leistung (PS/U/min)	170 bei 5800
Vmax in (km/h)	220
Bauart	Roadster
Produktionszahl	8000

BMW Z1 (Werkscode E30Z)

Das erste Z-Modell von BMW verursachte bei seiner Markteinführung 1988 eine wahre Kaufhysterie. Kein Wunder, war doch die technische Konzeption des bildhübschen Roadsters außergewöhnlich aufwendig. Unter der Kunststoffhaut nahm eine selbsttragende Stahlblechstruktur alle technischen Komponenten auf, darunter den 2,5 Liter großen Sechszylinder mit 170 PS. Witzig, aber recht unpraktisch waren die elektrisch versenkbaren Türen. Die anfängliche Begeisterung für den Z1 wich bald nüchterner Bewertung seiner Alltagstauglichkeit. Das Ergebnis war eine Produktionsdauer von nur knapp vier Jahren und 8000 hergestellte Exemplare.

BMW 850i, 850CSi, 850Ci, 840Ci (Werkscode E31)

Baujahr	1989-1993
Motor-Bauart	V8, V12
Hubraum (cm³)	3982, 4988
Leistung (PS/U/min)	286 bei 5800 bis 380 bei 5500
Vmax in (km/h)	250
Bauart	Coupé
Produktionszahl	k.A.

Das 1989 vorgestellte 2+2-sitzige Coupé war mit seinem Fünfliter-Zwölfzylinder und 300 PS in einem deutlich höheren Marktsegment angesiedelt als die alte 6er Coupé-Baureihe, die im gleichen Jahr ausgelaufen war. Der 8er schuf sich mit seiner eleganten Erscheinung und höchst kultivierten Sportlichkeit sofort zahlreiche Freunde. Im Laufe der Jahre gab es zwei bedeutende Ausweitungen des Motorenangebots: zum einen nach unten mit dem Vierliter-Achtzylinder als 840 und nach oben mit einer sportlich geschärften 850 CSi-Version und stolzen 380 PS. Letztere blieb sehr selten und stellt bis heute eine Art Quintessenz der Coupé-Kultur von BMW dar.

BMW 5er M5 (Werkscode E34)

Baujahr	1988-1995
Motor-Bauart	Sechszylinder (Reihe)
Hubraum (cm³)	3535 bis 3795
Leistung (PS/U/min)	315 bei 6900 bis 340 bei 6900
Vmax in (km/h)	235 bis 250
Bauart	Limousine (4-türig), Kombi
Produktionszahl	k.A.

Wem die Leistungsfähigkeit der normalen Triebwerkspalette der 5er Reihe nicht ausreichte, dem bot BMW ab 1988 die Hochleistungsversion M5 an. Sie war äußerlich nur mit Kennerblick von den Standardmodellen zu unterscheiden, verfügte aber über den zunächst 3,6, später 3,8 Liter großen 24-Ventil-Reihensechszylinder. Mit 315 bzw. 340 PS stellte diese M5-Generation bis Mitte der 90er Jahre das Topangebot in dieser Marktnische dar. Ähnlich konzipierte Sport-Modelle von Mercedes-Benz (AMG) und Audi (S/RS) zeigten sich deutlich weniger ausgewogen in ihren Talenten und konnten dem M5 nicht wirklich nahe kommen.

BMW 3er (Werkscode E36)

Baujahr	1990-1998
Motor-Bauart	Vierzylinder (Reihe) Sechszylinder (Reihe)
Hubraum (cm³)	1596 bis 2798
Leistung (PS/U/min)	90 bei 4400 bis 193 bei 5300
Vmax in (km/h)	180 bis 215
Bauart	Limousine (4-türig), Coupé, Kombi, Cabrio
Produktionszahl	2.603.879

Mit über 2,6 Millionen verkauften Exemplaren war der 1990 auf den Markt gekommene neue 3er – von Fans und Kennern nur mit dem Werkscode E36 bezeichnet – ein immenser Erfolg. Er verfeinerte das vom Vorgänger übernommene typische BMW-Konzept des fahraktiven, leistungsfähigen, kompakten Hecktrieblers in beeindruckender Weise. Als Zwei- und Viertürer, als Touring, Compact und als Cabrio überzeugte der 3er mit seiner Robustheit in jeder Lebenslage. In der Zwischenzeit sind die E36-Modelle zumeist in dritter und vierter Hand und halten auch tapfer den unterschiedlichsten Misshandlungen ihrer aktuellen Besitzer stand.

BMW 3er M3 (Werkscode E36)

Einen Quantensprung markierte die Hochleistungsvariante M3 der E36-Serie, die 1992 auf den Markt kam. Anstelle des bisherigen Vierventil-Vierzylinders des E30-M3 fand sich nun ein satte 286 PS leistender Sechszylinder mit 24 Ventilen unter der Motorhaube. Das faszinierende Triebwerk verlieh dem mit einem optimierten Fahrwerk versehenen 3er die sprichwörtlichen Flügel. 1993 und 1994 gesellten sich erstmals eine viertürige Version bzw. wieder ein Cabrio hinzu. 1996 folgte dann schließlich noch eine Hubraumaufstockung auf 3,2 Liter samt entsprechender PS-Spritze auf nunmehr 321 Pferdestärken. Hier stand BMW nahezu allein auf weiter Flur.

Baujahr	1992-1999
Motor-Bauart	Sechszylinder (Reihe)
Hubraum (cm³)	2990 bis 3246
Leistung (PS/U/min)	286 bei 7000 bis 325 bei 7400
Vmax in (km/h)	250
Bauart	Limousine (4-türig), Coupé, Cabrio
Produktionszahl	k.A.

BMW Z3 (Werkscode E36/7)

Mitte der 90er Jahre war die Wiederauferstehung des kompakten Cabrios bereits im vollen Gange. Inspiriert vom Mazda MX-5 hatten Firmen wie Fiat, MG, aber auch Mercedes-Benz attraktive offene Sportwagen in der Klasse um 2 Liter Hubraum im Angebot. 1996 stieß BMW mit dem in den USA produzierten Z3 dazu. Dessen Motorenpalette war wesentlich weiter gespreizt als bei den Konkurrenzprodukten: Vom 115 PS starken 1,8-Liter-Vierzylinder reichte sie über den 1996 eingeführten 2,8-Liter-Sechszylinder bis zum brachialen 3,2-Liter des Z3 M mit 321 PS. Nur mit den beiden stärksten Sechszylinder-Triebwerken lieferbar war übrigens die geschlossene Version Z3 Coupé bzw. Z3 M Coupé – im Volksmund wegen seiner typischen Form gerne auch als „Elefantenrollschuh" bezeichnet.

Baujahr	1995-2002
Motor-Bauart	Vierzylinder (Reihe), Sechszylinder Reihe)
Hubraum (cm³)	1796 bis 3246
Leistung (PS/U/min)	115 bei 5500 bis 325 bei 7400
Vmax in (km/h)	190 bis 250
Bauart	Cabrio
Produktionszahl	k.A.

BMW 5er (Werkscode E39)

Mit der ersten Markteinführung im Jahr 1972 konnte sich die 5er Reihe von BMW einen ständig wachsenden Freundeskreis schaffen. Das Platzangebot der oberen Mittelklasse in Verbindung mit BMW-typischer Fahrdynamik war ein unwiderstehliches Konzept, das sich auch in der E39 genannten vierten Generation der 5er Reihe von seiner besten Seite zeigte. Breit aufgefächert präsentierte sich das hoch moderne Motorenangebot: vom Zwei- bis zum Fünfliter-Benziner und vom Zwei- bis zum Dreiliter-Diesel. Hinzu kam – wie bei der Vorgänger-Generation – die Auswahl zwischen viertüriger Limousine und fünftürigem Touring-Modell.

Baujahr	1995-2003
Motor-Bauart	Sechszylinder (Reihe)
Hubraum (cm³)	1991 bis 4398
Leistung (PS/U/min)	136 bei 4000 bis 286 bei 5400
Vmax in (km/h)	200 bis 240
Bauart	Limousine (4-türig), Kombi
Produktionszahl	k.A.

BMW 3er (Werkscode E46)

1998 brachten die Münchner die neue – E46 genannte – 3er Generation auf den Markt. Natürlich konnten diese Modelle alles ein ganzes Stück besser als die E36er. Aus heutiger Sicht waren sie auch die vorerst Letzten, die in ihrem äußeren Erscheinungsbild sowie im Interieur klassischen BMW-Gestaltungsprinzipien folgten. Mit stärkeren und größeren Benzinmotoren sowie einem breiteren Angebot an leistungsfähigen Dieseltriebwerken blieben kaum Kundenwünsche offen. Als Karosserievarianten waren nach wie vor Zwei- und Viertürer, Touring, Compact und Cabrio im Programm.

Baujahr	1998-2005
Motor-Bauart	Vierzylinder (Reihe) Sechszylinder (Reihe)
Hubraum (cm³)	1796 bis 2979
Leistung (PS/U/min)	115 bei 4000 bis 231 bei 5900
Vmax in (km/h)	195 bis 230
Bauart	Limousine (4-türig), Coupé, Cabrio
Produktionszahl	k.A.

BMW Z8 (Werkscode E52)

Baujahr	1999-2003
Motor-Bauart	V8
Hubraum (cm³)	4941
Leistung (PS/U/min)	400 bei 6600
Vmax in (km/h)	250
Bauart	Cabrio
Produktionszahl	k.A.

Mit dem nur vier Jahre lang produzierten Supersportwagen Z8 gelang BMW ein echtes Meisterwerk, das heute ein ebenso teures wie gesuchtes Sammlerobjekt darstellt. Der im Jahr 2000 vorgestellte Z8 sollte an den legendären BMW 507 aus den 50er Jahren erinnern und begeisterte durch seine attraktive Optik außen wie innen. Motorisiert war er mit dem auf 400 PS gebrachten, knapp 5 Liter großen V8, der dem vergleichsweise leichtgewichtigen Z8 fabelhafte Fahrleistungswerte ermöglichte. Die handwerkliche Fertigung und die exklusive Spezifikation des Cabrios machten es zu einem Spielzeug für echte Besserverdiener: Bei Markteinführung waren für einen Z8 235.000 D-Mark zu berappen.

BMW 3er M3 (Werkscode E46S)

Baujahr	2000-2006
Motor-Bauart	Sechszylinder (Reihe)
Hubraum (cm³)	3246
Leistung (PS/U/min)	360 bei 7900
Vmax in (km/h)	250
Bauart	Limousine (2-türig), Limousine (4-türig), Cabrio
Produktionszahl	k.A.

Selbstverständlich verlangte auch die E46-Baureihe nach einem M3 und prompt wurde er im Jahr 2000 nachgereicht. Diesmal beschränkte sich BMW auf die gezielte Weiterentwicklung des im E36 verwirklichten Konzepts. Der 3,2-Liter-Reihensechszylinder war als echtes Hochdrehzahl-Triebwerk ausgelegt, mit einer Nenndrehzahl von 7900/min, bei denen 343 PS anlagen. Die Literleistung des 24-Ventilers lag bei deutlich über 100 PS – ein stolzer Wert für einen Saugmotor. In Kombination mit dem entsprechend aufgewerteten Fahrwerk waren Fahrwerte zu erreichen, die denen eines Porsche 911 nahe kamen. Interessierte Kunden konnten wie gewohnt den M3 auch als Cabrio ordern. Als M3 CSL bot BMW kurzzeitig eine geschärfte, d.h. erleichterte und auf 360 PS erstarkte Version in limitierter Auflage an.

BMW X5 (Werkscode E53)

Der Trend zum sogenannten SUV blieb auch BMW nicht verborgen. Nachdem Mercedes-Benz bereits 1997 mit der M-Klasse auf den Markt gekommen war und hervorragende Verkaufserfolge vorzuweisen hatte zogen die Münchner 1999 mit dem X5 nach. Bei ihm lag der gedachte Einsatzschwerpunkt klar auf der Straße, obwohl auch seine Geländegängigkeit nicht zu verachten war. Zunächst nur mit Sechs- und Achtzylinder-Benzinmotoren lieferbar, gesellte sich ab 2001 ein Dreiliter-Diesel dazu. Der X5 wurde vom Beginn an ein Bestseller, bot er doch als SUV BMW-typische Charaktereigenschaften kombiniert mit hohem Nutzwert.

Baujahr	2000-2006
Motor-Bauart	Sechszylinder (Reihe), V8
Hubraum (cm³)	2926 bis 4799
Leistung (PS/U/min)	184 bei 4000 bis 360 bei 6200
Vmax in (km/h)	200 bis 240
Bauart	Kombi (5-türig)
Produktionszahl	k.A.

BMW 7er (Werkscode E65)

Baujahr	2001-2008
Motor-Bauart	Sechszylinder (Reihe), V8, V12
Hubraum (cm³)	2979 bis 5972
Leistung (PS/U/min)	218 bei 4000 bis 367 bei 6300
Vmax in (km/h)	230 bis 250
Bauart	Limousine (4-türig)
Produktionszahl	k.A.

Da staunte die interessierte Öffentlichkeit nicht schlecht, denn der Rollentausch war perfekt: Während die seinerzeit aktuelle S-Klasse sich geradezu BMW-mäßig schlank und rank gab, trat der brandneue 7er BMW im Jahr 2001 an, um genau dieser S-Klasse vorzumachen, was Präsenz heißt. Der neue Gestaltungsstil war markant anders und forderte ebenso viel Zustimmung wie Ablehnung heraus. Unbestritten war jedoch das faszinierende Technikpaket, das BMW mit dem neuen 7er geschnürt hatte. Der Erfolg dieser Strategie zeigte sich schnell: Die weltweiten Absatzzahlen katapultierten die Luxuslimousine auf die Spitzenposition in ihrem Marktsegment – wenn auch nur vorübergehend. Aber endlich hatte man die S-Klasse mal hinter sich gelassen.

BMW Z4 (Werkscode E85)

Baujahr	2002-2009
Motor-Bauart	Vierzylinder (Reihe), Sechszylinder Reihe)
Hubraum (cm³)	1995 bis 3246
Leistung (PS/U/min)	150 bei 6200 bis 343 bei 7900
Vmax in (km/h)	205 bis 250
Bauart	Cabrio
Produktionszahl	k.A.

Die Nachfolgebaureihe des Z3 zeigte sich deutlich erwachsener – aber auch kontroverser in der Formgebung, die sich an der umstrittenen BMW-Designlinie mit ihren Sicken und Kanten orientierte. Eine Offenbarung waren die Fahreigenschaften und natürlich die legendären Reihensechszylindermotoren, die im Falle des Topmodells Z4 M satte 343 PS mobilisierten. Als Einstiegsmodell fungierte ein Zweiliter-Vierzylinder mit 150 PS. Ab 1996 war auch vom Z4 eine Coupé-Version verfügbar, wie beim Vorgängermodell jedoch nur mit den beiden leistungsstärksten Sechszylindern, einem 265 PS starken Dreiliter und dem legendären 3,2 Liter großen M-Triebwerk.

BMW 6er (Werkscode E63)

Baujahr	seit 2003
Motor-Bauart	Sechszylinder (Reihe), V8, V10
Hubraum (cm³)	2996 bis 4999
Leistung (PS/U/min)	258 bei 6600 bis 507 bei 7750
Vmax in (km/h)	250
Bauart	Coupé
Produktionszahl	k.A.

Fast 15 Jahre hatte man auf eine Neuauflage der BMW 6er Serie warten müssen, nachdem die alte 1989 ausgelaufen war. Die Rolle des klassischen 2+2-sitzigen Gran Turismo hatten in der Zwischenzeit die mit Acht- und Zwölfzylindermotoren ausgerüsteten Coupés der 8er Reihe eingenommen. Das 2003 neu präsentierte 6er Coupé mit dem Typencode E63 sollte nun Elemente des alten 6ers und des 8ers miteinander vereinen und zur Geltung bringen. Bei aller Klasse der technischen Spezifikation und Ausführung polarisierte jedoch das Karosseriedesign des neuen Modells. Auch die selbstbewusste Preisgestaltung sorgte dafür, dass der 6er bis heute eine relativ seltene Erscheinung auf den Straßen blieb.

BMW 6er Cabrio (Werkscode E64)

Baujahr	seit 2004
Motor-Bauart	Sechszylinder (Reihe), V8
Hubraum (cm³)	2996 bis 4999
Leistung (PS/U/min)	272 bei 6700 bis 507 bei 7750
Vmax in (km/h)	250
Bauart	Cabrio
Produktionszahl	k.A.

Noch mehr trifft das eben Gesagte auf das 6er Cabrio zu, das – heute eher ungewöhnlich – mit einem traditionellen Stoffdach statt einem klappbaren Hardtop ausgestattet ist. Immerhin ist es die erste vom Werk realisierte Cabrio-Version eines großen BMW-Coupés seit dem 503 von 1955. Die Spitzenmotorisierung bildet wie beim Coupé ein knapp 5 Liter großer V8 mit 367 PS – das Zwölfzylinder-Triebwerk des 850 i mit seinen stattlichen Verbrauchswerten (aber auch unerreichter Laufkultur) war einfach nicht mehr zeitgemäß. Mit Einstandspreisen von bis zu 90.000 Euro lebt das 6er Cabrio in einer sehr kleinen Marktnische mit überschaubarem Kundenkreis.

BMW 3er (Werkscode E90)

Baujahr	seit 2005
Motor-Bauart	Vierzylinder (Reihe) Sechszylinder (Reihe)
Hubraum (cm³)	1599 bis 2979
Leistung (PS/U/min)	122 bei 4000 bis 306 bei 5800
Vmax in (km/h)	200 bis 245
Bauart	Limousine (4-türig), Coupé, Kombi, Cabrio
Produktionszahl	k.A.

BMW-Freunde hatten es schon geahnt, oder besser: befürchtet – die nächste 3er Generation mit dem Typencode E90 würde auf der stilistischen Linie von 7er-, 6er- und 5er-Reihe liegen. Scharfe, mitunter unmotiviert wirkende Kanten und Konturen zeigten bei den neuen Modellen das Bemühen um eine klare optische Profilierung – die aber eigentlich unnötig war, hatte es doch den bisherigen in keiner Weise an optischen Reizen gemangelt. Auch in Sachen Innenraum- und Cockpitgestaltung setzte BMW beim neuen 3er ohne Not seinen Jahrzehnte langen Vorsprung aufs Spiel. Unter dem kontrovers aufgenommenen Blechkleid jedoch zeigte der E90 seine wahren Qualitäten mit exzellentem Fahrwerk und den grandiosen Reihensechszylindern.

BMW 5er M5 (Werkscode E60S)

Baujahr	seit 2005
Motor-Bauart	V10
Hubraum (cm³)	4999
Leistung (PS/U/min)	507 bei 7750
Vmax in (km/h)	250
Bauart	Limousine (4-türig), Kombi
Produktionszahl	k.A.

Die M-Version der aktuellen 5er BMW Limousine erblickte 2005 das Licht der Welt. Inspiriert von der derzeitigen Formel-1-Technologie wurde ein hochdrehendes V10-Triebwerk in den Motorraum des mittelgroßen Viertürers gequetscht. Dieser Sportmotor reinsten Wassers verfügt über 5 Liter Hubraum und stellt beeindruckende 507 Pferdestärken bereit. Erkennbare, aber eher dezent gehaltene sportliche Akzente machen die Limousine zu einem Understatement-Mobil ersten Ranges, das seinen Fahrern mit der spezifischen Geräuschkulisse des hoch drehenden V10-Motors ständig eine Gänsehaut auf den Rücken zaubert.

BMW 3er M3 (Werkscode E93S)

Zeit für den nächsten PS-Sprung: Die aktuelle Ausgabe des M3 bekam statt des kultigen Reihensechszylinders einen Vierliter-V8 unter die Haube transplantiert, der in seinen Konstruktionsmerkmalen dem Fünfliter-V10 entspricht und konsequent auf Hochleistung getrimmt ist. 420 PS (309 kW) bei 8200/min machen den M3 zu einem echten Fahrleistungsmonster. BMW bietet das kleinste seiner M-Modelle als Zwei- und Viertürer sowie als Cabrio (Codename E93) mit versenkbarem Aluminium-Hardtop an. Im Mittelpunkt der technischen Entwicklung stand übrigens das Ziel der Gewichtsreduzierung, was durch den Einsatz von Kohlefaser, anderen leichten Kunststoffen und Aluminium erreicht wurde.

Baujahr	seit 2007
Motor-Bauart	V8
Hubraum (cm³)	3999
Leistung (PS/U/min)	420 bei 8300
Vmax in (km/h)	250
Bauart	Limousine (4-türig), Coupé, Cabrio
Produktionszahl	k.A.

Borgward 2300 Cabriolet

Baujahr	1939-1942
Motor-Bauart	Sechszylinder (Reihe)
Hubraum (cm³)	2247
Leistung (PS/U/min)	55 bei 3800
Vmax in (km/h)	100
Bauart	Limousine (4-türig), Cabrio-Limousine, Cabriolet
Produktionszahl	ca. 1000

1939, im Jahr des Kriegsbeginns, stellte Carl F. W. Borgward – nun unter eigenem Namen und nicht mehr unter dem Markennamen Hansa – eine neu Modellreihe mit der simplen Bezeichnung 2300 vor. Motorisiert mit einem 55 PS starken 2,3-Liter-Sechszylinder versuchte der als Limousine, Cabrio-Limousine und Vollcabriolet lieferbare Wagen in der BMW-Liga zu spielen. Dazu fehlten ihm freilich die Gene – aber auch die sehr selbstbewusste Preisgestaltung von Borgward führte dazu, dass der 2300 bis 1942, dem Endpunkt der zivilen Autoproduktion im damaligen Deutschen Reich, ein Schattendasein führen musste.

Borgward Hansa (Hansa 1500, Hansa 1800, Hansa 1800 Diesel)

Baujahr	1949-1954
Motor-Bauart	Vierzylinder (Reihe)
Hubraum (cm³)	1498 bis 1758
Leistung (PS/U/min)	42 bei 3700 bis 66 bei 4400
Vmax in (km/h)	105 bis 150
Bauart	Limousine (2-/4-türig), Kombi (2-türig), Cabriolet
Produktionszahl	23.140, 8531, Diesel: 3490

Bis Mitte der 50er Jahre, als Mercedes seinen 170er immer noch mit freistehenden Scheinwerfern baute, hatte Borgward mit seinen modernen, glattflächigen Ponton-Karosserien bereits Zeichen gesetzt. Auch die Motorisierung konnte sich sehen lassen: 48 bzw. 60 PS aus 1500 respektive 1800 Kubikzentimetern sorgten dafür, dass man überdurchschnittlich zügig vorankam, das Dieselaggregat überzeugte dagegen freilich vor allem durch Robustheit.

Borgward Hansa 2400, Hansa 2400 Pullman

Baujahr	1952-1958
Motor-Bauart	Sechszylinder (Reihe)
Hubraum (cm³)	2337 bis 2238
Leistung (PS/U/min)	82 bei 4500 bis 100 bei 5000
Vmax in (km/h)	145 bis 155
Bauart	Limousine (4-türig)
Produktionszahl	1032, 356

Trotz seines extravaganten Fließhecks vermochte der sechszylindrige große Borgward bei der noblen Konkurrenz mit dem guten Stern keinen nennenswerten Eindruck zu hinterlassen. Nachlässigkeiten in der Verarbeitungsqualität und ein deutlich geringeres Markenprestige brachten bei aller ansehnlichen Technik und moderner Linienführung nur geringe Verkaufserfolge für den Edel-Borgward.

Borgward Isabella (Isabella, Isabella TS, Isabella de luxe, Isabella Combi)

Baujahr	1954-1961
Motor-Bauart	Vierzylinder (Reihe)
Hubraum (cm³)	1493
Leistung (PS/U/min)	60 bei 4700 bis 75 bei 5200
Vmax in (km/h)	135 bis 150
Bauart	Limousine (2-türig), Kombi (2-türig)
Produktionszahl	202.872

Die gutaussehende Isabella aus Bremen füllte in den fünfziger Jahren genau die Lücke, die BMW seinerzeit noch offen ließ. Mit ihrer eleganten Karosserie und sportlich angehauchten Motorleistungen setzte sie einen Kontrapunkt zu den eher langweiligen Mittelklasse-Angeboten von Mercedes-Benz, Opel und Ford. Eine begeisterte Gefolgschaft verzieh ihr auch manche qualitativen Schwächen und sorgte für gefüllte Auftragsbücher.

Borgward Isabella Cabriolet

Baujahr	1956-1959
Motor-Bauart	Vierzylinder (Reihe)
Hubraum (cm³)	1493
Leistung (PS/U/min)	60 bei 4700 bis 75 bei 5200
Vmax in (km/h)	135 bis 150
Bauart	Cabriolet
Produktionszahl	k.A.

So selten wie ein weißer Elefant: die von der Kölner Karosseriebaufirma Deutsch nachträglich zum Cabrio umgebaute Isabella-Limousine. Wer sich derart individuell fortbewegen wollte, hatte knapp 5000 Mark zusätzlich zu entrichten. In Kauf nehmen musste man dafür allerdings eine geringere Verwindungssteifigkeit der Karosserie und ein Verdeck, das riesige tote Winkel beim Blick nach schräg hinten bescherte.

Borgward Isabella Coupé

Baujahr	1957-1961
Motor-Bauart	Vierzylinder (Reihe)
Hubraum (cm³)	1493
Leistung (PS/U/min)	75 bei 5200
Vmax in (km/h)	135 bis 150
Bauart	Coupé
Produktionszahl	ca. 11.000

Noch eleganter als die Isabella-Limousinen präsentierte sich 1957 das Isabella Coupé. Mit etwas feminin wirkenden Schnörkeln und leichten Heckflossenansätzen versehen, begeisterte die Karosserie Liebhaber sportlich-komfortabler 2+2-Coupés. Technisch mit den Limousinen identisch, verlangte Borgward für seine Isabella im Trainingsanzug einen stattlichen Aufpreis von ca. 3000 Mark.

Lloyd (Borgward) Arabella (Arabella, Arabella 34, Arabella de luxe)

Einer der vielen Sargnägel des Borgwardschen Firmenkonglomerats war die Arabella von Lloyd. Aufwändig konstruiert, aber nicht völlig ausgereift auf den Markt gebracht, sollte sie aufstiegswillige Alexander-Fahrer an die Marke binden – ein Kalkül, dass nicht im erhofften Maße aufging. Die Beseitigung der konstruktiven Schwächen kosteten den Konzern eine Menge Geld, und das Kleinwagenimage der Marke Lloyd war einem echten Verkaufserfolg außerordentlich hinderlich. Auch die Umbenennung des Lloyd zum Borgward half da nicht viel.

Baujahr	1959-1963
Motor-Bauart	Vierzylinder (Boxer)
Hubraum (cm³)	897
Leistung (PS/U/min)	34 bei 4700, 38 bei 4800, 45 bei 5300
Vmax in (km/h)	120 bis 133
Bauart	Limousine (2-türig)
Produktionszahl	47.042

Borgward P 100 („Der große Borgward")

Baujahr	1960-1961
Motor-Bauart	Sechszylinder (Reihe)
Hubraum (cm³)	2238
Leistung (PS/U/min)	100 bei 5000
Vmax in (km/h)	160
Bauart	Limousine (4-türig)
Produktionszahl	2587

Der große Borgward zeichnete sich durch hohen Komfort und eine leicht amerikanisch angehauchte Formgebung aus. Gegen Aufpreis konnte er sogar mit Luftfederung geordert werden. Er blieb drei Jahre im Programm und konnte keinen besonderen Verkaufserfolg gegenüber der etablierten Konkurrenz in der Oberklasse verbuchen – vielleicht auch, weil die Innenraumgestaltung ein wenig nüchtern ausgefallen war.

Baujahr	1964
Motor-Bauart	Vierzylinder (Boxer)
Hubraum (cm³)	div.
Leistung (PS/U/min)	div.
Vmax in (km/h)	n.a.
Bauart	Roadster
Produktionszahl	261

Colani GT

Der Berliner Designer Luigi Colani bot in der Vor-Buggy-Zeit dem Besitzer eines Käfer-Fahrgestells die Möglichkeit, für wenig Geld seinem brav motorisierten Untersatz eine ultraschnell aussehende Kunststoff-Karosserie überzustülpen. Schon damals liebte das Enfant terrible der deutschen Designerszene rundliche Formen, und so mancher Fan tat das auch – noch heute existieren verschiedentlich Exemplare dieser Spezies.

Champion 250, 400, 400 H, 500 G und Maico MC 400 H, 500 G

Eines der zahllosen gescheiterten deutschen Kleinwagenprojekte der Nachkriegszeit war der mit einem Zweitaktmotor bestückte Champion. Von mehreren Herstellern gebaut, weiterentwickelt und wieder eingestellt, kam es erst unter der Regie des Pfäffinger Motorradproduzenten Maico zu einer gewissen Reife. Die vielfältigen lieferbaren Karosserievarianten trösteten dennoch nicht über seine schwachbrüstige und anfällige Motorisierung hinweg. Isetta und Goggomobil erwiesen sich als übermächtige Konkurrenz.

Baujahr	1948-1956
Motor-Bauart	Einzylinder-Zweitaktmotor u. Zweizylinder-Zweitaktmotor
Hubraum (cm³)	250, 398, 452
Leistung (PS/U/min)	6 bei 4700 bis 18 bei 4000
Vmax in (km/h)	60 bis 92
Bauart	Roadster, Cabrio-Limousine, Limousine (2-türig), Kombi (3-türig)
Produktionszahl	ca. 5500 (250, 400)

DKW F1 (Front)

Die Automobilisierung breiter Bevölkerungsschichten lag im Deutschland der dreißiger Jahre des letzten Jahrhunderts – verglichen etwa mit Großbritannien – noch in weiter Ferne. In diesem Umfeld schlug der 1931 präsentierte F1 ein wie eine Bombe. Ein professionell konstruierter und hergestellter Kleinwagen mit DKW-typischer Zweitaktmotorisierung und in dieser Klasse avantgardistischem Frontantrieb war da eine erste konkrete Perspektive. Immerhin fast 4500 Exemplare dieses aus Kostengründen nur als Cabrio oder Roadster erhältlichen Wägelchens konnten bis 1933 abgesetzt werden.

Baujahr	1931-1933
Motor-Bauart	Zweizylinder-Zweitakt (Reihe)
Hubraum (cm³)	490, 584
Leistung (PS/U/min)	15 bis 18 bei 3200
Vmax in (km/h)	75 bis 80
Bauart	Roadster, Cabrio
Produktionszahl	4353

DKW F7, F8

Baujahr	1931-1942
Motor-Bauart	Zweizylinder-Zweitakt (Reihe)
Hubraum (cm³)	584, 692
Leistung (PS/U/min)	15 bei 3500, 20 bei 3500
Vmax in (km/h)	75 bis 90
Bauart	Limousine, Kombi, Cabriolet
Produktionszahl	F1: rund 4000; insgesamt: rund 218.000

Ein wirklich großer Markterfolg wurde die Weiterentwicklung des F1. Die technische Auslegung der DKW-Frontantriebsmodelle war inzwischen voll akzeptiert und der 1937 auf den Markt gekommene F7 mit auf 700 cm³ erhöhtem Hubraum und 20 PS Leistung war ein Bestseller. Die Karosseriestruktur bestand mittlerweile nicht mehr aus Holz, sondern aus Stahlblech. Die kleinen DKW-Fahrzeuge waren wegen ihrer Robustheit, ihres einfachen Aufbaus und günstiger Unterhaltskosten beim Kaufpublikum sehr beliebt. Insgesamt verließen über 200.000 Exemplare die Fertigungsstätten in Sachsen.

DKW Sonderklasse

Eine Klasse höher angesiedelt war das Modell Sonderklasse, das DKW 1932 ins Programm nahm. Unter der Motorhaube arbeitete kein Zweizylinder-Zweitakter sondern ein 1000 und später 1100 cm³ großer V4-Motor, der gemäß der Tradition ebenfalls nach dem Zweitaktverfahren arbeitete. Das ambitionierte Triebwerk leistete in seiner stärksten Form 32 PS und bescherte dem Wagen vergleichsweise lebhafte Fahrleistungen. Der sonstige Aufbau des Fahrzeugs entsprach den kleineren Modellen; auch bei der Sonderklasse wurde die Holz-/Kunstleder-Karosserie 1937 von einem zwar schwereren aber erheblich langlebigeren Stahlblech-Aufbau abgelöst.

Baujahr	1932-1940
Motor-Bauart	V4 Zweitakter
Hubraum (cm³)	990, 1054
Leistung (PS/U/min)	25 bei 3200, 32 bei 3800
Vmax in (km/h)	90 bis 95
Bauart	Limousine, Cabriolet
Produktionszahl	k.A.

DKW Reichs- und Meisterklasse (F8)

Baujahr	1939-1942
Motor-Bauart	Zweizylinder-Zweitakt (Reihe)
Hubraum (cm³)	589, 692
Leistung (PS/U/min)	18 bis 20 bei 3500
Vmax in (km/h)	80 bis 85
Bauart	Limousine (2-türig), Cabriolet
Produktionszahl	49.605

Von 1939 bis zum Ende der zivilen Automobilproduktion im Jahr 1942 markierte der DKW F8 in seinen beiden unterschiedlich motorisierten Versionen Reichsklasse und Meisterklasse den Höhepunkt des 1931 mit dem F1 präsentierten Technikkonzepts. Schrittweise technische Weiterentwicklung, zum Beispiel am Fahrwerk, und ein hohes Qualitätsniveau sorgten trotz der Kriegszeit für einen Absatz von fast 50.000 Fahrzeugen. Manche davon haben bis heute überlebt – nicht zuletzt, weil sie im Krieg wegen ihres Frontantriebs nicht von der Wehrmacht requiriert wurden.

DKW Meisterklasse (F 89)

Baujahr	1950-1954
Motor-Bauart	Zweizylinder-Zweitaktmotor
Hubraum (cm³)	684
Leistung (PS/U/min)	23 bei 4200
Vmax in (km/h)	100
Bauart	Limousine (2-türig), Coupé, Cabriolet, Kombi (3-türig)
Produktionszahl	59.475

Wer aus alter Verbundenheit einen der 1950 neu auf den Markt gekommenen Meisterklasse-DKW erwarb, wusste was ihn erwartete: ein jaulender und qualmender Zweitakt-Zweizylinder, Frontantrieb, aber auch eine radikal modernisierte Karosserie mit weich fließenden Formen. Immerhin knapp 60.000 Autofahrer fanden dieses Angebot attraktiv genug, um darauf einzugehen. Heute interessiert sich nur ein kleiner Kreis von Spezialisten für dieses merkwürdig unausgeglichene Konzept.

DKW Sonderklasse (F 91)

Eine Karosserie im Hardtop-Stil mit voll versenkbaren Seitenfenstern und endlich ein Dreizylinder-Zweitakter waren die wichtigsten Neuerungen der F-91-Baureihe. 900 cm³ sorgten für eine um 11 PS erhöhte Leistung – gut für knappe 120 km/h Spitze, was indes kaum ein Fahrer den thermisch stets empfindlichen Zweitaktern zumutete. Die Mitte der fünfziger Jahre noch recht hohe Zweitaktakzeptanz brachte den F-91-Modellen mit über 55.000 verkauften Autos einen durchaus beachtenswerten Markterfolg.

Baujahr	1953-1955
Motor-Bauart	Dreizylinder-Zweitaktmotor
Hubraum (cm³)	896
Leistung (PS/U/min)	34 bei 4000
Vmax in (km/h)	120
Bauart	Limousine (2-türig), Coupé, Kombi (3-türig)
Produktionszahl	57.407

DKW 3=6 (F 93/94, „Großer DKW")

Die kühne Behauptung, dass ein Dreizylinder-Zweitakter ähnlich kultiviert laufe wie ein Sechszylindermotor wurde beim neuen, vergrößerten DKW schon in der Typenbezeichnung aufgestellt. Aus heutiger Sicht glich die Formel 3=6 eher einem Pfeifen im Dunklen, denn mit der fortschreitenden Automobilentwicklung hatte sich der Viertakter immer weiter abgesetzt und DKW in eine konstruktive Sackgasse gedrängt. Da half auch nicht das erwachsenere Erscheinungsbild der gründlich renovierten Baureihe: Die Ingolstädter waren immer stärker auf die Treue ihrer Stammkundschaft angewiesen, um ihre Marktposition zu halten.

Baujahr	1955-1959
Motor-Bauart	Dreizylinder-Zweitaktmotor
Hubraum (cm³)	896
Leistung (PS/U/min)	38 bei 4200, 40 bei 4250
Vmax in (km/h)	115 bis 123
Bauart	Limousine (2-türig), Limousine (4-türig), Coupé, Kombi (3-türig), Cabriolet
Produktionszahl	157.331

DKW Munga

Der Munga oder in Langform das „Mehrzweck-Universal-Geländefahrzeug mit Allradantrieb" wurde von DKW ab 1953 im Rahmen einer Ausschreibung für die neu gegründete Bundeswehr entwickelt. Es konnte sich bei langwierigen Erprobungstests am Ende gegen seine Konkurrenten durchsetzen und wurde bis Ende 1968 für die Truppe gefertigt. Seine technische Basis entsprach mit dem Dreizylinder-Zweitaktmotor den DKW-Fahrzeugen jener Epoche. Vereinzelte Exemplare fanden auch den Weg in Privathände. Eine verschworene Gemeinschaft von Munga-Liebhabern pflegt die bis heute verbliebenen Exemplare hingebungsvoll.

Baujahr	1955-1968
Motor-Bauart	Dreizylinder-Zweitaktmotor
Hubraum (cm³)	896 bis 980
Leistung (PS/U/min)	38 bei 4200 bis 44 bei 4500
Vmax in (km/h)	98
Bauart	Cabriolet
Produktionszahl	46.750

DKW 3=6 Monza

Nach nur 155 gebauten Exemplaren war der Traum von einem Sportwagen auf DKW-Basis ausgeträumt. Auf private Initiative hatte die Kunststoff-Karosserie mit dem 900- bzw. 1000-cm^3-Dreizylinder unter der Haube das Licht der Welt erblickt, der DKW-Kastenrahmen bot hierzu ideale Voraussetzungen. Leider gelang es nicht, besonders viele Enthusiasten zum Kauf eines der recht teuren Zweitakt-Sportler zu gewinnen. Nachdem sich drei verschiedene Karosserieherstellerfirmen mit wenig Erfolg um dessen Vermarktung gekümmert hatten, schlief das Projekt ein – kein Wunder, denn die Ingolstädter selbst boten Sportliches an.

Baujahr	1956-1958
Motor-Bauart	Dreizylinder-Zweitaktmotor
Hubraum (cm^3)	896, 981
Leistung (PS/U/min)	40 bei 4200
	bis 50 bei 4500
Vmax in (km/h)	135 bis 150
Bauart	Coupé
Produktionszahl	ca. 110

Auto Union 1000 und 1000 S

Baujahr	1958-1963
Motor-Bauart	Dreizylinder-Zweitaktmotor
Hubraum (cm³)	981
Leistung (PS/U/min)	44 bei 4500 bis 50 bei 4500
Vmax in (km/h)	120 bis 135
Bauart	Limousine (2-/AO3014-türig), Coupé, Kombi (3-türig)
Produktionszahl	187.429

Der letzte große DKW mit traditioneller Linie – wenn auch dem Zeitgeschmack angepasst. Herumgezogene Panoramascheiben an Front und Heck beim Zweitürer sowie die auf Wunsch lieferbare Zweifarbenlackierung sorgten für den modischen Ami-Touch. Unter der Motorhaube blieb es indes beim Dreizylinder-Zweitakter, aufgebohrt auf knappe 1000 cm³. Mit 44 und später 50 PS konnte man immerhin im Verkehr gut mitschwimmen. Die seit Ende 1961 lieferbare Frischöl-Schmierung ersparte dem DKW-Fahrer zumindest den immer peinlicher werdenden Gang zur Gemisch-Tanksäule.

Auto Union 1000 Sp

Der „T-Bird aus Ingolstadt" war ein gewagtes Experiment, das dann auch nicht besonders gut gelang. Aufregend modische Formen innen und außen wollten nicht so recht mit der kleinvolumigen Zweitaktmotorisierung harmonieren – 5 Mehr-PS rissen da auch nichts aus dem Feuer. Zu allem Überfluss mussten kaufwillige Freunde des schnittigen Coupés bzw. Cabriolets auch recht tief in die Tasche greifen. Die Folge: Nur gut 6500 produzierte Exemplare verließen die Werkshallen.

Baujahr	1958-1965
Motor-Bauart	Dreizylinder-Zweitaktmotor
Hubraum (cm³)	980
Leistung (PS/U/min)	55 bei 4500
Vmax in (km/h)	140
Bauart	Coupé, Cabriolet
Produktionszahl	6640

DKW Junior und Junior de Luxe

Baujahr	1959-1963
Motor-Bauart	Dreizylinder-Zweitaktmotor
Hubraum (cm³)	741, 796
Leistung (PS/U/min)	34 bei 4300
Vmax in (km/h)	115
Bauart	Limousine (2-türig)
Produktionszahl	237.587

Das DKW-Modellprogramm nach unten ergänzte die 1959 präsentierte Junior-Baureihe. Man behielt die Dreizylindermotorisierung bei, mit 750 und später 800 Kubikzentimetern. Das Leistungspotenzial entsprach etwa dem des VW Käfer. Die Ingolstädter waren immer noch nicht zur selbsttragenden Karosseriebauweise übergegangen, was den ordentlichen Verkaufserfolg der Junior-Modelle aber keineswegs schmälerte.

DKW F 11, F 12, F 12 Roadster

Der modernisierte Junior-Nachfolger hieß DKW F 12. Mit dem zunächst 800, später 900 cm³ großen Dreizylinder-Zweitakter war der Fronttriebler akzeptabel motorisiert, wobei die schwächere Version dem nachgeschobenen, billigeren F 11 vorbehalten war. Heute besonders selten ist natürlich das Cabriomodell, das die DKW-Marketingstrategen kurzerhand zum „Roadster" erklärten. Das nach guter deutscher Tradition sehr üppig ausgefallene Verdeck hatte dabei aber so gar nichts von einem Roadster-üblichen „Fetzendach".

Baujahr	1963-1965
Motor-Bauart	Dreizylinder-Zweitaktmotor
Hubraum (cm³)	796, 889
Leistung (PS/U/min)	34 bei 4300 bis 45 bei 4500
Vmax in (km/h)	116 bis 128
Bauart	Limousine (2-türig), Cabriolet
Produktionszahl	113.244, Cabrio 6640

DKW F 102

Der Schwanengesang des Zweitakters als Antriebsaggregat für ein deutsches Automobil. 1200 cm³, 60 PS, Frischöl-Schmierung und selbsttragende Konstruktion der komplett neu gezeichneten Karosserie konnten nicht darüber hinwegtäuschen, dass sich die Ingolstädter mit ihrem halsstarrig vertretenen Zweitaktkonzept verrannt hatten. Trotz ansehnlicher Fahrleistungen krankten die jaulenden Dreizylinder an mangelnder Zuverlässigkeit. Als Audi erhob sich das optisch leicht retuschierte Fahrzeug mit einem modernen Viertaktmotor unter der Haube wie Phönix aus der Asche.

Baujahr	1964-1966
Motor-Bauart	Dreizylinder-Zweitaktmotor
Hubraum (cm³)	1175
Leistung (PS/U/min)	60 bei 4500
Vmax in (km/h)	135
Bauart	Limousine (2-türig), Limousine (4-türig)
Produktionszahl	52.753

Ford Model T („Tin Lizzy")

Baujahr	1908-1927
Motor-Bauart	Vierzylinder (Reihe)
Hubraum (cm³)	2894
Leistung (PS/U/min)	20 bei k.A.
Vmax in (km/h)	65
Bauart	Cabriolet
Produktionszahl	weltweit rund 15.000.000

Erst 1926 – und um neue Schutzzölle für aus den USA komplett importierte Fahrzeuge zu umgehen – kam Henry Fords Geniestreich auf die Bänder der damals in einer Lagerhalle in Berlin beheimateten deutschen Ford-Werke. Zu diesem Zeitpunkt war das T-Modell längst veraltet, aber die überaus robuste und ausgereifte Konstruktion fand unverändert starken Zuspruch. Die knappen Kapazitäten der Berliner Fertigungsstätte hatten nur ca. 2700 Fahrzeuge hervorgebracht. Also mussten aus Dänemark und Belgien 2200 zusätzliche Exemplare importiert werden, um der Nachfrage Herr zu werden.

Ford Model A

Baujahr	1928-1930
Hubraum (cm³)	3285
Leistung (PS/U/min)	40 bei k.A.
Vmax in (km/h)	100
Bauart	Limousine, Cabriolet, Roadster
Produktionszahl	4.320.446

Der Nachfolger des legendären T-Modells wurde knapp drei Jahre lang auch in Deutschland gebaut. Mit seinem Dreiliter-Vierzylinder, der immerhin 40 PS leistete, dem simplen technischen Aufbau und seiner unbedingten Zuverlässigkeit trat er in dessen Fußstapfen. Die ungeheure Produktionsstückzahl der „Tin Lizzy" konnte der Ford A freilich nicht erreichen. Fast 4,5 Millionen weltweit hergestellte Exemplare zeugen jedoch davon, dass es Ford gelungen war, viele Kunden bei der Stange zu halten. Auch heute noch existieren zahlreiche A-Modelle – auch ein Beweis dafür, dass in jener Epoche die Automobiltechnologie der US-Hersteller in Sachen Alltagstauglichkeit und Robustheit führend war.

Ford Köln

Als Übernahme von den britischen Ford-Werken gelangte der Typ Köln 1933 auf den deutschen Markt. Ford hatte es als ausländischer Konzern in der Nazizeit nicht leicht – der Modellname Köln sollte hier hilfreich sein. Ein knapp ein Liter großer Vierzylindermotor mit 21 PS befeuerte den zweitürigen Kleinwagen, der sich indes nur relativ zäh verkaufte und nach nur rund vier Jahren wieder vom deutschen Markt verschwand – in seinem Mutterland ließen sich vom dort Y genannten Modell im gleichen Zeitraum weit über 100.000 Exemplare absetzen.

Baujahr	1933-1936
Motor-Bauart	Vierzylinder (Reihe)
Hubraum (cm³)	921
Leistung (PS/U/min)	21 bei 3400
Vmax in (km/h)	90
Bauart	Limousine (2-türig)
Produktionszahl	ca. 10.000

Ford Eifel

Baujahr	1935-1939
Motor-Bauart	Vierzylinder (Reihe)
Hubraum (cm³)	1172
Leistung (PS/U/min)	34 bei 4500
Vmax in (km/h)	100
Bauart	Limousine (2-türig)
Produktionszahl	k.A.

Den gleichen Weg wie der Köln nahm der 1935 in die deutsche Modellpalette aufgenommene Typ Eifel. Auch er kam von den Zeichenbrettern der britischen Ford-Tochter, die auf ihrem Heimmarkt große Erfolge mit dem dort Anglia bzw. Prefect genannten Modell erzielte. Nicht eben modern konstruiert, aber alltagtauglich und jederzeit verlässlich erfüllte der Eifel brav seinen Dienst als kleines preiswertes Familienauto mit zwei Türen. Sein 1,2-Liter-Vierzylinder leistete 34 PS, die für die damaligen Verkehrsverhältnisse vollauf ausreichend waren.

Ford Taunus („Buckel-Taunus")

Baujahr	1948-1952
Motor-Bauart	Vierzylinder (Reihe)
Hubraum (cm³)	1172
Leistung (PS/U/min)	34 bei 4250
Vmax in (km/h)	95 bis 105
Bauart	Limousine (2-türig), Kombi (3-türig), Cabriolet, Sonderkarosserie
Produktionszahl	76.590

Fords erstes Nachkriegsangebot der Mittelklasse zeigt einen trefflich gerundeten Rücken und wurde entsprechend als „Buckel-Taunus" bekannt. Die amerikanisch angehauchte Linie zeigt kleine Fenster und eine hohe Gürtellinie. Der relativ schwere, mit einem Plattformrahmen ausgerüstete Wagen wurde von einem antiquierten 1172-cm³-Vierzylinder britischer Provenienz angetrieben. Ein Kombi sowie zahlreiche zumeist offene Sonderaufbauten sorgten für eine beträchtliche Variationsbreite im Angebot.

Ford Taunus 12, 12 M (Werkscode G 13, „Weltkugel-Taunus“)

Baujahr	1952-1958
Motor-Bauart	Vierzylinder (Reihe)
Hubraum (cm³)	1172
Leistung (PS/U/min)	38 bei 4250 bis 55 bei 4250
Vmax in (km/h)	105 bis 130
Bauart	Limousine (2-türig), Kombi (3-türig), Cabriolet, Sonderkarosserie
Produktionszahl	430.736

Fords 12 M, 1952 auf den Markt gebracht, entpuppte sich als solides Gebrauchsauto der unteren Mittelklasse. Mit neuer, selbsttragend ausgelegter Karosserie und modernerem Fahrwerk mit vorderer Einzelradaufhängung hatte man in Köln die Zeichen der Zeit erkannt. Anfangs noch mit Mühe vom antiken 1,2-Liter-Vierzylinder aus Buckel-Taunus-Zeiten beflügelt, war ab 1959 auf Wunsch auch ein kräftigeres 1,5-Liter-Aggregat lieferbar, das für recht ansehnliche Fahrleistungen sorgte.

Ford Taunus 15 M, Ford 15 M de luxe (Werkscode G4, G4b)

Baujahr	1955-1958
Motor-Bauart	Vierzylinder (Reihe)
Hubraum (cm³)	1498
Leistung (PS/U/min)	55 bei 4250
Vmax in (km/h)	120 bis 130
Bauart	Limousine (2-türig), Kombi (3-türig), Cabriolet
Produktionszahl	134.127

Der 15 M, wenngleich optisch aufs Engste mit dem 12 M verwandt, war diesem in der Modellhierarchie übergeordnet. Besser ausgestattet und von Beginn an mit der 1,5-Liter-Maschine versehen, die stramme 55 PS hervorbrachte, stellte er Mitte der fünfziger Jahre Fords Nobel-Limousine dar. Wie beim 12 M waren neben einer Kombiversion auch zwei- und viersitzige Cabriovarianten erhältlich, die bei Deutsch in Köln entstanden.

Ford Taunus 17 M (Werkscode P2, „Barock-Taunus")

Der sogenannte „Barock-Taunus" zeigt erstmals deutlich Fords zukünftiges Marketing-Credo: viel Auto fürs Geld. Da gab es amerikanische Designelemente, Chromzierrat in den verwegensten Formen und ein großes Raumangebot. Bei gleicher Motorisierung wie der 15 M ergänzte der 17 M das Ford-Modellprogramm nach oben und trat in Konkurrenz zum Opel Olympia Rekord. In den Verkaufszahlen konnte er diesem freilich nicht annähernd das Wasser reichen – dafür überzeugte der 17 M mit seiner hübschen Karosserie. .

Baujahr	1957-1960
Motor-Bauart	Vierzylinder (Reihe)
Hubraum (cm³)	1698
Leistung (PS/U/min)	60 bei 4250
Vmax in (km/h)	120 bis 130
Bauart	Limousine (2-türig), Limousine (4-türig), Kombi (3-türig), Cabriolet
Produktionszahl	239.978

Ford Taunus 12 M (Werkscode G 13 ALS, „Seitenstreifen-Taunus")

Baujahr	1959-1962
Motor-Bauart	Vierzylinder (Reihe)
Hubraum (cm³)	1172
Leistung (PS/U/min)	38 bei 4250 bis 55 bei 4250
Vmax in (km/h)	105 bis 130
Bauart	Limousine (2-türig), Kombi (3-türig), Cabriolet
Produktionszahl	430.736

Der ab Mitte 1959 lieferbare 12 M zeigte einen charakteristischen weißen Seitenstreifen an seiner Karosserieflanke, daher der Spitzname. Seine Basismotorisierung, der seitengesteuerte 1,2-Liter-Motor, hatte schon dreißig Jahre auf dem Buckel. Er war mit 38 PS zwar etwas brustschwach, aber unverwüstlich. Besonders attraktiv war sein überzeugendes Preis-Leistungs-Verhältnis, denn mit 5555 Mark kostete er kaum mehr als ein Käfer, bot aber weit mehr Innen- und Kofferraum. Das Modellprogramm bestand aus Limousine, Kombi und Cabriolet. Auf Wunsch gab es den Seitenstreifen-Taunus auch mit 1,5-Liter-Maschine.

Baujahr	1960-1964
Motor-Bauart	Vierzylinder (Reihe)
Hubraum (cm³)	1498 bis 1758
Leistung (PS/U/min)	55 bei 4250 bis 75 bei 4500
Vmax in (km/h)	136 bis 154
Bauart	Limousine (2-/4-türig), Kombi (3-türig), Cabriolet
Produktionszahl	669.731

Ford Taunus 17 M (Werkscode P3, „Badewanne")

Die für die Ford-Mittelklasse typische Motorisierungsvielfalt hielt mit den P3-Modellen der 17-M-Baureihe Einzug. Völlig neu, aber nicht weniger charakteristisch als die seines Vorläufers war die Karosserielinie mit vollflächigen, rundlichen Flanken. Spötter nannten den P3 deshalb „Badewanne". Zwischen 55 und – bei den TS-Versionen – 75 PS sorgten für mäßiges bis spritziges Temperament.

Ford Taunus 12 M (Werkscode P4)

Eigentlich eine Konstruktion von Ford USA, bereicherte der 12 M seit 1962 das Kölner Ford-Modellprogramm. Mit seinen 1200 bzw. 1500 Kubikzentimeter großen V4-Motoren und Frontantrieb ergänzte das erstaunlich modern konzipierte Auto das untere Segment der Mittelklasse – und zwar erfolgreich: Fast 675.000 produzierte Fahrzeuge gaben den Kölner Marketingexperten Recht.

Baujahr	1962-1966
Motor-Bauart	V4
Hubraum (cm³)	1183 bis 1498
Leistung (PS/U/min)	40 bei 4500 bis 65 bei 4500
Vmax in (km/h)	120 bis 144
Bauart	Limousine (2-/4-türig), Kombi (3-türig), Coupé, Cabriolet
Produktionszahl	672.695

Ford Taunus 17 M, 20 M und 20 M TS (Werkscode P5)

Diesmal kein formaler Bruch mit den Vorgängermodellen: Die sogenannte P5-Baureihe konnte als geradlinigere Weiterentwicklung des P4-17 M gelten. Erstmals wurde auch ein Zweiliter-V6-Motor angeboten, der den 17 M zum 20 M machte, während Ford bei den Vierzylindern ebenfalls zu etwas ruppig laufenden V-Motoren überging. Aus heutiger Sicht besonders attraktiv ist das zweitürige 20 M Hardtop Coupé mit voll versenkbaren Seitenfenstern.

Baujahr	1967-1968
Motor-Bauart	V4, V6
Hubraum (cm³)	1498 bis 1998
Leistung (PS/U/min)	60 bei 4500 bis 90 bei 5000
Vmax in (km/h)	140 bis 161
Bauart	Limousine (2-/4-türig), Kombi (3-türig), Kombi (5-türig), Coupé, Cabriolet
Produktionszahl	710.059

Ford (Taunus) 12 M, 15 M, 15 M TS, 15 M XL, 15 M RS (Werkscode P6)

Mit der P6-Baureihe des 12 M und des neu hinzu gekommenen 15 M verwässerte das gestalterische Konzept der P4-Modelle. Verlegenheitsschnörkel verschafften der etwas einfallslos geratenen Karosserielinie auch keine größere Attraktivität. Anders im Falle des für den 15 M lieferbaren RS-Ausstattungspakets: mit reichhaltiger Instrumentierung, Chromfelgen, allerlei Streifenzierde und einem der damals so beliebten Vinyldächer setzte es sportliche Akzente. Mit 1,7 Litern unter der Haube und 75 PS ließ es sich zudem flott vorankommen.

Baujahr	1966-1970
Motor-Bauart	V4
Hubraum (cm³)	1183, 1288, 1498, 1699
Leistung (PS/U/min)	45 bei 4500 bis 75 bei 5000
Vmax in (km/h)	125 bis 158
Bauart	Limousine (2-/4-türig), Kombi (3-türig), Coupé
Produktionszahl	668.187

Ford 17 M, 20 M, 20 M TS, 20 M RS (Werkscode P7a)

Baujahr	1967-1968
Motor-Bauart	V4, V6
Hubraum (cm³)	1498, 1699, 1998, 2293
Leistung (PS/U/min)	60 bei 4800 bis 108 bei 5100
Vmax in (km/h)	135 bis 170
Bauart	Limousine (2-/4-türig), Kombi (3-türig), Kombi (5-türig), Coupé, Cabriolet
Produktionszahl	155.780

Dem Nachfolger des P5-17 M war nur ein kurzes Leben beschieden. Das dem Modetrend folgende, allerdings recht bemüht wirkende Hüftknick-Styling fand bei der potenziellen Käuferschaft kaum Gefallen. Heute sind nur noch einzelne überlebende Fahrzeuge in gutem Originalzustand zu finden, was speziell den Hardtop-Varianten in der attraktiven RS-Ausstattung echten Sammlerstatus verleiht. Mit 108 PS aus seinem neu ins Programm genommenen 2,3-Liter-V6 hinterließ ein 20 M RS 2300 S – so die komplette Typenbezeichnung – auf der linken Autobahnspur durchaus Eindruck.

Ford OSI 20 M Coupé, 20 M TS Coupé

Baujahr	1967-1968
Motor-Bauart	V6
Hubraum (cm³)	1998, 2293
Leistung (PS/U/min)	90 bei 5000 bis 108 bei 5100
Vmax in (km/h)	165 bis 175
Bauart	Coupé
Produktionszahl	2500

Mitte der sechziger Jahre hatten auch Großserienhersteller wie Ford noch ein Herz fürs Besondere: Der als Designstudie im Jahre 1966 gezeigte OSI wurde wegen seiner gefälligen Optik kurzerhand in Produktion genommen und in Italien auf einem 20M-Fahrgestell zusammengebaut. Ausgerüstet mit einem 2- oder 2,3-Liter-V6 aus Kölner Produktion machte das sportliche Coupé gewaltigen Eindruck - nicht zuletzt wegen seiner Innenraumgestaltung, wo italienischer Stil und üppige Verwendung von Edelholz für noble Atmosphäre sorgten.

Ford 17 M, 20 M, 26 M (Werkscode P7b)

Baujahr	1968-1971
Motor-Bauart	Vierzylinder (Reihe), V6
Hubraum (cm³)	1498, 1699, 1797, 1998, 2293, 2550
Leistung (PS/U/min)	60 bei 4800 bis 125 bei 5300
Vmax in (km/h)	135 bis 180
Bauart	Limousine (2-/4-türig), Kombi (3-/5-türig), Coupé, Cabriolet
Produktionszahl	567.482

Die geglättete Karosserielinie des P7-Nachfolgers kam beim Publikum deutlich besser an, wobei das neue Modell merkwürdigerweise die gleiche Codenummer erhielt wie sein glückloser Vorgänger, nämlich P7 – der Fehltritt sollte wohl aus den Ford-Annalen getilgt werden. Keinerlei Unterschiede gab es bei den lieferbaren Modellvarianten, jedoch wurde deren Vielfalt durch ein neues Spitzenmodell, den 26 M, noch erhöht. Vollgestopft mit Extras und Chromschmuck sowie mit einer 125 PS starken 2,6-Liter-V6-Maschine, ist es heute neben den RS-Versionen das beliebteste Modell der Serie.

Ford Escort I

Baujahr	1968-1974
Motor-Bauart	Vierzylinder (Reihe)
Hubraum (cm³)	1098, 1298
Leistung (PS/U/min)	40 bei 5300 bis 72 bei 5700
Vmax in (km/h)	127 bis 160
Bauart	Limousine (2-türig), Limousine (4-türig), Kombi
Produktionszahl	über 2,14 Mio

Im Jahre 1968 präsentierte Ford seinen neuen Vertreter für die Kompaktklasse: den Escort. Als Begründer einer zukünftig noch sehr erfolgreich werdenden Modellfamilie, musste der Mk I jedoch zunächst die deutsche Kundschaft überzeugen. Nach einigen Anlaufschwierigkeiten konnte das Design mit dem so genannten Hundeknochengrill aber bis zum Produktionsende 1974 immerhin über zwei Millionen Käufer begeistern. Technisch orientierte sich der als 2- bzw. 4-türige Limousine sowie mit der Bezeichnung „Turnier" als Kombi erhältliche Bestseller an der konservativen Technik des englischen Vorgängermodells Ford Anglia.

Ford Capri (Serie I)

Baujahr	1969-1973
Motor-Bauart	V4, Vierzylinder (Reihe), V6
Hubraum (cm³)	1288, 1293, 1498, 1592, 1699, 1998, 2293, 2550, 2637, 2993
Leistung (PS/U/min)	50 bei 5000 bis 150 bei 5600
Vmax in (km/h)	133 bis 205
Bauart	Coupé
Produktionszahl	deutsche Produktion: 784.000

Ford besetzte mit einem weitsichtigen Konzept eine bisher in Europa für nicht existent gehaltene Marktlücke: die der sportlich aufgemachten Familiencoupés auf Limousinenbasis. Attraktive Designelemente gepaart mit einer maximale Individualität garantierenden Ausstattungs- und Motorisierungsvielfalt führten den Capri zum Erfolg. Ob mit 1300 cm³ Hubraum und 50 PS oder als brutaler RS mit 2,6-Liter-150-PS-Motor – der Capri überzeugte im Alltag wie auf der Rennpiste gleichermaßen.

Ford Taunus (Werkscode TC, „Knudsen-Taunus")

Der sogenannte „Knudsen-Taunus" - Fords unfreiwillige Parodie seiner eigenen Produktphilosophie während der 70er Jahre – besitzt mittlerweile Kultstatus. Das traditionelle „Viel-Auto-für's-Geld"-Denken hatte sich mit der 1970 auf den Markt gekommenen Taunus-Baureihe auf Kosten technischer und qualitativer Werte geradezu verselbständigt: Ornamentik war wichtiger geworden als Fahrsicherheit, gute Ausstattung wichtiger als kompetente Konstruktion. Der trotz allem große Markterfolg der Baureihe über viele Jahre hinweg spricht indes Bände über die Einstellung der Kundschaft.

Baujahr	1970-1975
Motor-Bauart	Vierzylinder (Reihe), V6
Hubraum (cm³)	1285, 1576, 1981, 2274
Leistung (PS/U/min)	55 bei 5500 bis 108 bei 5000
Vmax in (km/h)	135 bis 173
Bauart	Limousine (2-/4-türig), Kombi (3-türig), Kombi (5-türig), Coupé
Produktionszahl	ca. 1,1 Mio

Ford Consul (Consul, Consul L und Consul GT)

Baujahr	1972-1975
Motor-Bauart	V4, Vierzylinder (Reihe), V6
Hubraum (cm³)	1699, 1993, 1998, 2293, 2550, 2993
Leistung (PS/U/min)	65 bei 4800 bis 138 bei 5000
Vmax in (km/h)	136 bis 182
Bauart	Limousine (2-/4-türig), Kombi (5-türig), Coupé
Produktionszahl	k.A.

Im Frühsommer 1972 präsentierte Ford eine völlig neue Modellreihe, die die ausgereiften 17M/20M/26M- Limousinen ablöste. Die neue Consul/Granada-Serie verkörperte altes Ford-Credo: das von Uwe Bahnsen geschaffene Blechkleid schwelgte in üppigen Rundungen und stattlichen Dimensionen. Wie gewohnt konnte man aus einer Vielzahl von Ausstattungsvarianten auswählen, und auch an Motorisierungsoptionen mangelte es nicht, vom 1,7-Liter-V4 bis zum 3-Liter-Essex-V6 war alles auch für den „kleineren" Consul lieferbar.

Ford Granada (Serie I)

Die als Nachfolger der größeren 20M- und 26M-Modelle gedachten Granadas unterschieden sich technisch nicht von den Consul-Typen, verfügten also ebenso über das neu konstruierte Fahrwerk mit hinterer Einzelradaufhängung. Als Antriebsaggregate kamen nur die Sechszylindermotoren mit 2,3, 2,6 und 3,0 Litern Hubraum zum Einsatz. Hauptunterscheidungskriterien waren die verschiedenen Ausstattungslinien. So waberten in allen Granadas spießbürgerliche Luxusgarnierungen aus jedem Winkel der Karosserie und des Interieurs: hier ein Goldkrönchen, dort ein Chromleistchen...

Baujahr	1972-1977
Motor-Bauart	V4, Vierzylinder (Reihe), V6
Hubraum (cm³)	1699 bis 2993
Leistung (PS/U/min)	54 bei 4500 bis 160 bei 5700
Vmax in (km/h)	127 bis 193
Bauart	Limousine (2-/4-türig), Kombi (5-türig), Coupé
Produktionszahl	Consul und Granada 1.619.265

Ford Escort RS 2000 (Serie I)

Baujahr	1973-1974
Motor-Bauart	Vierzylinder (Reihe)
Hubraum (cm³)	1993
Leistung (PS/U/min)	100 bei 5700
Vmax in (km/h)	180
Bauart	Limousine (2-türig)
Produktionszahl	4000

Der Escort im RS-Trimm war eine ernst zu nehmende Kompaktlimousine mit sportlichen Talenten. Ein Zweiliter-Vierzylinder-Reihenmotor aus amerikanischen Ford-Regalen sorgte im Zusammenspiel mit breiten Felgen, Sportsitzen und einer auffälligen Kriegsbemalung für jede Menge Fahrspaß. Die wenigen im Originalzustand erhaltenen RS werden von ihren stolzen Besitzern heute sorgsam gehütet.

Ford Capri (Serie II)

Baujahr	1974-1978
Motor-Bauart	Vierzylinder (Reihe), V6
Hubraum (cm³)	1297, 1593, 1999, 2294, 2993
Leistung (PS/U/min)	54 bei 5500 bis 138 bei 5000
Vmax in (km/h)	140 bis 200
Bauart	Coupé
Produktionszahl	k.A.

Für kurze Zeit bot Ford seinen Capri II, der eine Heckklappe nebst einer Reihe von Karosserieretuschen spendiert bekommen hatte, in einer luxuriösen Top-Version an. Ausgestattet mit beliebten Zutaten der frühen siebziger Jahre, wie Chrom, Velour und Holzimitationsfolie am Armaturenbrett überzeugte der GXL durch hervorragende Fahrleistungen. Der britische Essex-Dreiliter-V6 mit Heron-Brennräumen war zwar nicht immer verlässlich, glänzte aber mit Drehmomentstärke und sattem Sound.

Escort RS 2000 (Serie II)

Baujahr	1975-1980
Motor-Bauart	Vierzylinder (Reihe)
Hubraum (cm³)	1993
Leistung (PS/U/min)	110 bei 5500
Vmax in (km/h)	178
Bauart	Limousine (2-türig)
Produktionszahl	k.A.

Im März 1975 wurde der letzte Kraft-Escort der Heckantriebsära der Öffentlichkeit vorgestellt. Das Konzept entsprach seinem Vorgänger: Fahrwerksmodifikationen, sportiv aufgemachtes Interieur, Zweiliter-Vierzylinder mit 110 PS. Neu war jedoch, dass es mit der aerodynamisch optimierten Front erstmals für das sportliche Spitzenmodell Karosserieretuschen gab und die auffällige Kriegsbemalung des alten Escort unter den Tisch fiel. So präsentierte sich ein erwachseneres und durchaus geschmackvolles Fahrzeug, das allerdings gelegentlich immer noch unter Zuverlässigkeitsmängeln des aus amerikanischen Beständen übernommenen Zweiliter-Vierzylinders litt.

Ford Taunus (Serie II)

Baujahr	1976-1982
Motor-Bauart	Vierzylinder (Reihe), V6
Hubraum (cm³)	1294, 1593, 1993, 1998, 1999, 2294
Leistung (PS/U/min)	55 bei 5500 bis 114 bei 5300
Vmax in (km/h)	137 bis 176
Bauart	Limousine (2-/4-türig), Kombi (3-/5-türig)
Produktionszahl	ca. 1,6 Mio

Die zweite Auflage des Taunus zeigte sich stilistisch entrümpelt. Statt Schnörkeln und einer Überdosis Schmuckzierrat wie beim Vorgängermodell, dem sogenannten „Barock-Taunus", gab es nun wohltuend klare Linien. Unter dem Blech hatte sich dagegen kaum etwas getan. Es gab weiterhin eine breite Palette an Ausstattungs- und Motorisierungsvarianten bis hin zum 2,3-Liter-V6 mit 108 PS. Die Nobelversion mit stattlichem Holz- und Velourbesatz im Interieur hörte nun auf die Bezeichnung Ghia. Von außen war sie am seinerzeit modischen Vinyldach und Leichtmetallfelgen zu erkennen.

Ford Fiesta (Serie I)

Baujahr	1976-1983
Motor-Bauart	Vierzylinder (Reihe)
Hubraum (cm³)	957, 1117, 1297, 1598
Leistung (PS/U/min)	40 bei 5500 bis 84 bei 5500
Vmax in (km/h)	132 bis 172
Bauart	Limousine (2-türig)
Produktionszahl	k.A.

Fords Millionenseller namens Fiesta teilte sich seit Mitte der 70er Jahre quasi den deutschen Markt in der Kleinwagenklasse mit dem VW Polo. Simpel in der Konstruktion, preiswert im Unterhalt und robust im Alltagseinsatz machte er sich viele Freunde und vor allem Freundinnen. Der Wechsel zur zweiten Generation im Jahr 1983 war indes nichts anderes als eine tiefer greifende Modellpflege mit leicht veränderter Karosserieoptik, neu gestaltetem Interieur und ab 1985 der ersten Dieselmotor-Option in der kleinen Klasse. An der grundsätzlich simplen Machart des Fiesta änderte sich zunächst nichts – das war auch nicht nötig, denn die Kundschaft war damals noch recht anspruchslos.

Ford Granada (Serie II)

Wie beim Taunus so verpasste Ford auch dem bis dato umstrittenen Granada eine neue moderne Linienführung. Der als Zweitürer, Viertürer und Kombi lieferbare Mittelklasse-Wagen kann mit einer riesigen Motorenpalette von neun verschiedenen Triebwerken ausgestattet werden, vom frugalen 54-PS-Diesel bis hin zum komfortablen 3-Liter-V6 aus britischer Produktion, der 1981 von einem 2,8-Liter-V6 aus Köln mit Benzineinspritzung von Bosch und 160 PS abgelöst wird. Auch diese zweite Granada-Generation kommt dem Ford-Wahlspruch „Viel Auto für's Geld" in perfekter Weise nach.

Baujahr	1977-1985
Motor-Bauart	Vierzylinder (Reihe), V6
Hubraum (cm³)	1699 bis 2993
Leistung (PS/U/min)	54 bei 4500 bis 160 bei 5700
Vmax in (km/h)	127 bis 193
Bauart	Limousine (2-/4-türig), Kombi (5-türig)
Produktionszahl	k.A.

Ford Capri (Serie III)

Als das Capri-Konzept endgültig von der moderneren Frontantriebs-Konkurrenz abgehängt worden war, blieb nur noch ein Modell übrig, das quasi die Quintessenz der Baureihe verkörperte: der 2,8i. Mit seinem 160-PS-Einspritzer-V6 und sportlichen Zutaten innen und außen war er sozusagen ein zivilisierter RS 2600.

Baujahr	1978-1987
Motor-Bauart	Vierzylinder (Reihe), V6
Hubraum (cm³)	1593, 1993, 1999, 2294, 2792, 2993
Leistung (PS/U/min)	72 bei 5500 bis 188 bei 5500
Vmax in (km/h)	150 bis 220
Bauart	Coupé
Produktionszahl	Capri II und III: 568.357

Ford Fiesta (Mk II)

Fords Millionenseller namens Fiesta teilte sich seit Mitte der 70er Jahre quasi den deutschen Markt in der Kleinwagenklasse mit dem VW Polo. Simpel in der Konstruktion, preiswert im Unterhalt und robust im Alltagseinsatz machte er sich viele Freunde und vor allem Freundinnen. Der Wechsel zur zweiten Generation im Jahr 1983 war indes nichts anderes als eine tiefer greifende Modellpflege mit leicht veränderter Karosserieoptik, neu gestaltetem Interieur und ab 1985 der ersten Dieselmotor-Option in der kleinen Klasse. An der grundsätzlich simplen Machart des Fiesta änderte sich zunächst nichts – das war auch nicht nötig, denn die Kundschaft war damals noch recht anspruchslos.

Baujahr	1983-1989
Motor-Bauart	Vierzylinder (Reihe)
Hubraum (cm³)	957 bis 1608
Leistung (PS/U/min)	40 bei 5500 bis 96 bei 5750
Vmax in (km/h)	140 bis 180
Bauart	Limousine (3-türig)
Produktionszahl	k.A.

Ford Sierra XR4i

Baujahr	1982-1986
Motor-Bauart	V6
Hubraum (cm³)	2772
Leistung (PS/U/min)	150 bei 5800
Vmax in (km/h)	200
Bauart	Limousine (3-türig)
Produktionszahl	k.A.

Eigentlich war der Sierra alles andere als ein sportliches Auto. Dennoch versuchte Ford ihn in einer speziellen dreitürigen Version mit markantem Heckspoiler als Nachfolger der stärksten Capri-Modelle zu positionieren und flankierte diese Absicht mit durchaus erfolgreichen Motorsporteinsätzen. Für den ganz normalen Kunden war der mit einem 150 PS starken 2,8-Liter-V6 ausgerüstete XR4i jedoch kein besonders interessantes Angebot. Technisch antiquiert und in seinem Erscheinungsbild eher gewöhnungsbedürftig war er für die gut motorisierten Sportlimousinen von BMW und Mercedes-Benz keine Konkurrenz – ganz besonders nicht zu den verlangten Preisen. So überlebte er in seiner Urform nur rund drei Jahre.

Ford Escort (Mk IV)

Baujahr	1986-1990
Motor-Bauart	Vierzylinder (Reihe)
Hubraum (cm³)	1119 bis 1598
Leistung (PS/U/min)	50 bei 5200 bis 132 bei 6000
Vmax in (km/h)	145 bis 190
Bauart	Limousine (3-türig), Limousine (5-türig), Kombi
Produktionszahl	k.A.

Bereits 1980 war Fords Vertreter der unteren Mittelklasse, der Escort, komplett modernisiert worden. Die dritte Generation des Modells wartete seitdem mit moderner Karosserie und zeitgemäßer Technik auf, die sie zu einem konkurrenzfähigen Angebot machte. Das erste große Facelifting stand dann 1986 auf dem Programm. Diese auch als MkIV bekannten Modelle zeigten äußerlich eine leicht veränderte Optik der Anbauteile, optimierte Motoren und besser abgestimmte Fahrwerke. Auch für die Rostvorsorge wurde manches getan, ebenso für die passive Sicherheit. Dem wichtiger werdenden Thema Umweltschutz begegnete man mit einigen Motorversionen mit Dreiwege-Katalysator.

Ford Fiesta (Mk III)

Baujahr	1989-1994
Motor-Bauart	Vierzylinder (Reihe)
Hubraum (cm³)	1119 bis 1796
Leistung (PS/U/min)	50 bei 5200 bis 130 bei 6200
Vmax in (km/h)	150 bis 190
Bauart	Limousine (3-türig), Limousine (5-türig)
Produktionszahl	k.A.

1989 war auch der Fiesta endlich reif für den Sprung in die automobile Modernität. Im neuen Modell fanden sich so gut wie keine Komponenten, die noch im Vorgängermodell Dienst getan hatten. Neues Design, komplett neue Technik und erstmals auf Wunsch auch eine fünftürige Version schufen die Basis für eine weiterhin erfolgreiche Zukunft des Modells. Die breite Motorenpalette reichte von 50 bis vorübergehend 130 PS und beinhaltete auch zwei Dieselaggregate. Zeitweise wurden Triebwerke bis 1,8 Liter Hubraum in den doch recht kompakten Fiesta einbaut. In ihrer rund siebenjährigen Bauzeit profitierte auch diese Modellgeneration von verschiedenen Modellpflegemaßnahmen, vor allem in Sachen Sicherheitsausstattung.

Ford Mondeo

Baujahr	1996-2000
Motor-Bauart	Vierzylinder (Reihe), V6
Hubraum (cm³)	1598 bis 2544
Leistung (PS/U/min)	90 bei 5800 bis 205 bei 6200
Vmax in (km/h)	180 bis 215
Bauart	Limousine (4-türig), Limousine (5-türig), Kombi
Produktionszahl	k.A.

Der Mondeo kam 1993 auf den Markt und katapultierte Fords Mittelklasse-Angebot mit einem Mal mitten in ein vor allem vom VW Passat geprägtes Konkurrenzumfeld. Moderne Technik, ein gutes Raumangebot und diverse Karosserievarianten mit und ohne fünfte Tür zeichneten ihn aus – und natürlich die bei Ford üblichen günstigen Einstandspreise. Mit dem ersten weitreichenden Facelift im Jahr 1996 wurde das Profil der Baureihe weiter geschärft vor allem in optischer Hinsicht waren diese Modelle deutlich attraktiver ausgefallen. Die Motorenpalette wurde ebenfalls erweitert und reichte vom 1,6-Liter mit 90 PS bis zum V6 mit 205 PS in der sportlich aufgemachten Version ST 220.

Ford Ka

Die Kölner Ford-Werke waren in der Vergangenheit immer mal wieder für Überraschungen gut, was die Designsprache einzelner Modelle oder Modellreihen angeht. Man erinnere sich nur an den Sierra oder den Scorpio. 1996 war es wieder soweit: Der Ka trat auf die Bühne der Kleinstwagen und entfachte mit seiner Form spontane Begeisterung – vor allem bei der weiblichen Kundschaft. Unter dem knuddeligen Blechkleid bot der Ka jahrelang jedoch biederste Hausmannskost, was seinem dauerhaften Erfolg aber keinerlei Abbruch tat. Das beweist die fast 13-jährige Produktionsdauer, in die als Modellpflegemaßnahme freilich manche technische Modernisierung einfloss.

Baujahr	1996-2008
Motor-Bauart	Vierzylinder (Reihe)
Hubraum (cm³)	999 bis 1299
Leistung (PS/U/min)	50 bei 5000 bis 69 bei 5700
Vmax in (km/h)	150 bis 160
Bauart	Limousine (3-türig)
Produktionszahl	k.A.

Ford Mondeo

Die zweite Generation des Mondeo wurde im Jahr 2000 eingeführt und brachte wieder einmal eine echte Überraschung. Ford hatte sich bei seinem Mittelklasse-Modell komplett von der rundlichen Optik des Vorgängermodells verabschiedet und präsentierte einen betont geradlinig und schlank gezeichneten Viertürer, der auch im Interieur plötzlich einen edlen Designstil erkennen ließ. Weiterhin waren die Karosserievarianten viertüriges Stufenheck- sowie fünftüriges Fließheck- und Kombimodell – Letzteres mit Namen Turnier – erhältlich. Neben einer deutlich verbesserten Sicherheitsausstattung fiel vor allem das abermals modifizierte Motorenangebot ins Auge, das sich durch zwei neu konstruierte hochmoderne Dieselmotoren mit 2 und 2,2 Litern Hubraum auszeichnete, die Einzug in zahlreiche Fahrzeuge der verschiedenen Ford-Konzernmarken hielten.

Baujahr	2000-2007
Motor-Bauart	Vierzylinder (Reihe), V6
Hubraum (cm³)	1798 bei 2967
Leistung (PS/U/min)	90 bei 4000 bis 225 bei 6150
Vmax in (km/h)	180 bis 225
Bauart	Limousine (4-türig), Limousine (5-türig), Kombi
Produktionszahl	k.A.

Ford Focus ST

Das sportliche Spitzenmodell der Focus-Baureihe hatte 2005 seine Marktpremiere und bekam den Beinamen ST. Es verfügte unter der Motorhaube exklusiv über den im Konzernverbund nur bei Volvo eingesetzten 2,5-Liter-Turbo-Fünfzylinder mit 225 PS. Dieser sehr ausgewogene Motor animierte jedoch eher zum Reisen als zum Rasen, was in gewissem Gegensatz zum betont sportlichen optischen Auftritt des ST stand. Trotz seiner 225 PS brachte dieses Triebwerk auch das mit hohen Reserven gesegnete Focus-Fahrwerk nicht an seine Grenzen. Fast könnte man sagen: der Focus ST war ein Schaf im Wolfspelz...

Baujahr	2005-2008
Motor-Bauart	Fünfzylinder (Reihe)
Hubraum (cm³)	2521
Leistung (PS/U/min)	226 bei 6200
Vmax in (km/h)	220
Bauart	Limousine (3-türig), Limousine (5-türig)
Produktionszahl	k.A.

Fuldamobil 250, Fuldamobil NWF 200

Baujahr	1950-1969
Motor-Bauart	Zweizylinder-Zweitaktmotor
Hubraum (cm³)	191, 250, 360
Leistung (PS/U/min)	10 bei 5200
Vmax in (km/h)	60
Bauart	Coupé, Cabriolet
Produktionszahl	ca. 2900

Das Fuldamobil war eine der zahllosen merkwürdigen Ausgeburten deutscher Konstrukteursphantasien der fünfziger Jahre. In kleinen Stückzahlen bis immerhin 1969 (!) produziert, lärmte im Heck des Fuldamobils ein nur 200 cm^3 großer Einzylinder-Zweitakter. Er bemühte sich, das skurrile Gefährt mit seinen drei, später vier Rädern knapp über Stadttempo zu beschleunigen. Die zu Beginn aus Aluminium gefertigte Karosserie wurde später durch einen Kunststoffaufbau ersetzt.

Goggomobil T 250, T 300, T 400 Limousine

Baujahr	1955-1969
Motor-Bauart	Zweizylinder-Zweitaktmotor
Hubraum (cm³)	247, 296, 395
Leistung (PS/U/min)	13,6 bei 5400
	bis 20,0 bei 5000
Vmax in (km/h)	72 bis 95
Bauart	Limousine (2-türig)
Produktionszahl	210.531

Neben der Isetta von BMW erwies sich die etwas infantil „Goggomobil" genannte Autopremiere des Dingolfinger Landmaschinenherstellers Glas als erfolgreichstes Kleinstautomobil der fünfziger und sechziger Jahre. Seine schrullige Karosserie, die intelligente Konstruktion, sein vergleichsweise gutes Raumangebot und seine robuste Ausführung waren für diesen Erfolg verantwortlich. Bis 1969 versorgte man die Inhaber des alten Führerscheins IV noch mit einer geschwindigkeitsbegrenzten 250-cm^3-Version.

Goggomobil 600/700, Glas Isar

Baujahr	1957-1965
Motor-Bauart	Zweizylinder (Boxer)
Hubraum (cm³)	584, 688
Leistung (PS/U/min)	19 bei 4800 bis 30 bei 4900
Vmax in (km/h)	97 bis 110
Bauart	Limousine (2-türig), Kombi (3-türig)
Produktionszahl	87.585

Die Idee vom Super-Goggomobil für die Kinder des Wirtschaftswunders scheiterte kläglich: Der BMW 700 wirkte wesentlich ausgereifter und erwachsener, während der Isar mit seinem Zweizylinder-Viertakt-Boxermotor mit zahlreichen Qualitäts- und Fertigungsmängeln zu kämpfen hatte – die Nähe zum erfolgreichen Goggo half dabei ganz und gar nicht, sie schadete eher. Auch die unausgegorene Karosserieform konnte nicht gerade Begeisterungsstürme auslösen.

Goggomobil TS 250, TS 300, TS 400 Coupé

Baujahr	1957-1969
Motor-Bauart	Zweizylinder-Zweitaktmotor
Hubraum (cm³)	247, 296, 395
Leistung (PS/U/min)	13,6 bei 5400 bis 20,0 bei 5000
Vmax in (km/h)	84 bis 100
Bauart	Coupé
Produktionszahl	66.511

Der Bonsai-Ferrari aus Bayern zeigte innen und außen, dass man auch ein Mikroauto zum individuellen Coupé umfunktionieren kann. Die unverändert von den Limousinen übernommene Technik sicherte geringe Betriebs- und Unterhaltskosten. Was die erreichbaren Fahrleistungen anging, so kämpfte der Mini-Renner ab 90 km/h einen aussichtslosen Kampf gegen den Luftwiderstand...

Glas 1004, 1004 TS, 1004 CL

Baujahr	1962-1967
Motor-Bauart	Vierzylinder (Reihe)
Hubraum (cm³)	992
Leistung (PS/U/min)	40 bei 4800 bis 64 bei 6000
Vmax in (km/h)	130 bis 150
Bauart	Limousine (2-türig), Coupé, Cabriolet
Produktionszahl	9346

Glas zeigte sich mit dem 1961 präsentierten 1004 an der vordersten Front innovativer Automobiltechnologie, vor allem motorseitig: Der Zahnriemenantrieb zur obenliegenden Nockenwelle war eine Weltneuheit, die man nicht gerade von einem kleinen niederbayrischen Familienbetrieb erwartet hatte. Bodenständig war dagegen das Styling mit seinen großen Überhängen an Front und Heck. Der 1000-cm³-Vierzylinder bot sportliches Temperament, besonders in der späteren TS-Version. Ein dreitüriger Sportkombi mit Heckklappe, der CL, nahm zukünftige Entwicklungen vorweg.

Glas 1204, 1204 TS

Baujahr	1963-1965
Motor-Bauart	Vierzylinder (Reihe)
Hubraum (cm³)	1189
Leistung (PS/U/min)	53 bei 5100 bis 70 bei 5750
Vmax in (km/h)	140 bis 160
Bauart	Limousine (2-türig), Coupé, Cabriolet
Produktionszahl	16.902

Zweihundert Kubikzentimeter mehr machten den kleinen Glas-Vierzylinder etwas muskulöser, vor allem aber sorgten sie für eine weniger hektische Leistungscharakteristik - Drehzahl war nun nicht mehr alles. In den erhältlichen Modellvarianten gab es ebenso wenig Veränderungen wie in der allgemeinen technischen Spezifikation.

Glas 1300 GT

Baujahr	1964-1967
Motor-Bauart	Vierzylinder (Reihe)
Hubraum (cm³)	1290
Leistung (PS/U/min)	75 bei 5500 bis 85 bei 5800
Vmax in (km/h)	170 bis 174
Bauart	Coupé, Cabriolet
Produktionszahl	ca. 3580

Um ja kein Marktsegment ohne ein Glas-Modell zu belassen, schickten die Dingolfinger einen echten Sportwagen mit schicker Frua-Karosserie ins Rennen um die Gunst gut situierter Jungmänner. Technisch auf der 1304-Serie basierend, litt der GT ein wenig unter seinem kleinvolumigen Motor. Schlimmer war, dass der als Coupé und besonders attraktives Cabrio lieferbare Sport-Glas gegenüber der kompetenten Konkurrenz aus Italien und Großbritannien erheblich zu teuer angeboten wurde.

Glas 1700, 1700 TS

Baujahr	1964-1967
Motor-Bauart	Vierzylinder (Reihe)
Hubraum (cm³)	1682
Leistung (PS/U/min)	80 bei 4800 bis 100 bei 5500
Vmax in (km/h)	150 bis 165
Bauart	Limousine (4-türig)
Produktionszahl	13.789

Das Mittelklasse-Limousinen-Angebot von Glas musste gegen harte Konkurrenz bestehen. Mit einem modernen, betont schlicht gehaltenen, vom italienischen Karosseriestilisten Frua entworfenen Blechkleid und dem 1,7-Liter-Motor in Leistungsstufen von 80 und 100 PS war der 1700 eigentlich ein rundes Angebot. Sein relativ hoher Preis, qualitative Schwächen und das nach wie vor problematische Glas-Image verhinderten indes einen Markterfolg gegen die Angebote der etablierten Großhersteller.

Glas 1700 GT

Baujahr	1965-1967
Motor-Bauart	Vierzylinder (Reihe)
Hubraum (cm³)	1682
Leistung (PS/U/min)	100 bei 5500
Vmax in (km/h)	183
Bauart	Coupé, Cabriolet
Produktionszahl	ca. 1790
	Insges. 363 Cabriolets

Der 1700 GT unterschied sich vor allem durch seinen größeren Motor vom Schwestermodell. 100 PS und 1,7 Liter Hubraum standen ihm vorteilhaft zu Gesicht. Außen deutete nur die Kraft verheißende Hutze auf der Motorhaube an, dass sich unter ihr Einiges mehr tat. Nach wie vor auch als Cabriolet lieferbar, schaffte der 1700 GT es nicht, allzu viele potenzielle Käufer von seinen Qualitäten zu überzeugen – heute genießt er als Klassiker dagegen hohes Renommée.

Glas 1304, 1304 TS, 1304 CL

Baujahr	1965-1968
Motor-Bauart	Vierzylinder (Reihe)
Hubraum (cm³)	1290
Leistung (PS/U/min)	60 bei 5000
	bis 85 bei 5800
Vmax in (km/h)	140 bis 170
Bauart	Limousine (2-türig),
	Kombi (2-türig), Cabriolet
Produktionszahl	12.259

Mit nochmals um 100 Kubikzentimeter vergrößertem Motor präsentierte sich der 1204-Nachfolger. Die spritzigen Glas-Maschinen erreichten Spitzenleistungen von 60 bis 85 PS, wobei speziell die starke „TS"-Version mit ihren kompakten Außenmaßen und sportlichen Fahrleistungen eine Art frühen „GTI" darstellte. Den ganz großen Durchbruch auf dem deutschen Automobilmarkt erreichten diese an sich sehr interessanten Fahrzeuge allerdings nie. Heute besonders gesucht: die Cabrio-Modelle.

Glas V8 2600, Glas V8 3000, BMW V8 3000

Baujahr	1966-1968
Motor-Bauart	V8
Hubraum (cm³)	2580, 2982
Leistung (PS/U/min)	150 bei 5600, 160 bei 5100
Vmax in (km/h)	195
Bauart	Coupé
Produktionszahl	277 + 389 = 666

Als wäre die riesige Modellpalette der kleinen Dingolfinger Firma nicht schon längst über den Kopf gewachsen, erachtete es die Glas-Chefetage noch für nötig, 1966 auch ein Luxuscoupé zu lancieren. Durch die Kopplung zweier 1300-cm³-Vierzylinder entstand deshalb ein V8-Triebwerk, das in einer attraktiven, ebenfalls von Frua gestalteten GT-Karosserie Platz fand. Detailschwächen verhinderten auch hier einen Markterfolg. Immerhin schien das Konzept den BMW-Oberen so zuzusagen, dass sie den Wagen, mittlerweile mit einem durchzugsstärkeren Dreilitermotor versehen, nach der Übernahme noch eine Weile anboten.

Baujahr	1950-1957
Motor-Bauart	Zweizylinder-Zweitaktmotor
Hubraum (cm³)	688 bis 886
Leistung (PS/U/min)	24 bei 4000 bis 40 bei 4000
Vmax in (km/h)	100 bis 120
Bauart	Limousine (2-türig), Kombi (2-türig), Cabrio-Limousine, Cabriolet, Coupé
Produktionszahl	8071 (900)

Goliath 700, 700 E, 900, 900 E

Ein neben DKW zweiter Hersteller von ernst zu nehmenden Zweitakt-Autos war die zum Borgward-Imperium gehörige Marke Goliath. 1950 präsentierte sie mit dem GP 700 einen schlichten Zweitürer, der von einem knapp 700 cm³ großen Zweizylinder angetrieben wurde. Trotz PS-Leistungen im VW-Käfer-Bereich vermochte es der bald auch als Kombi, Cabrio- Limousine oder Cabrio lieferbare GP 700 nicht, gegen die grundsolide Wolfsburger Konkurrenz zu bestehen. Unbefriedigend verliefen frühe Versuche mit einer Benzineinspritzung, die die zweitakttypischen Schwächen ausmerzen sollte.

Goliath 1100 Limousine, Combi, Coupé und Cabriolet

Baujahr	1957-1958
Motor-Bauart	Vierzylinder (Boxer)
Hubraum (cm³)	1093
Leistung (PS/U/min)	40 bei 4200 bis 55 bei 5500
Vmax in (km/h)	125 bis 135
Bauart	Limousine (2-türig), Cabrio-Limousine, Kombi (2-türig), Coupé
Produktionszahl	14.908

Den Zeichen der Zeit konnte sich auch der Borgward-Konzern nicht entziehen. Ergebnis: Der Goliath-700-Nachfolger (seit 1958 als Hansa vermarktet) wirkte deutlich erwachsener, hatte einen völlig neu konstruierten Vierzylinder-Boxermotor aufzuweisen und brauchte sich in Raumangebot und Fahrleistungen nicht hinter der Konkurrenz zu verstecken. Gleichwohl litt der 1100 unter gewissen Zuverlässigkeitsproblemen, und Produktionsstückzahlen von nur rund 7000 Einheiten pro Jahr ließen das relativ aufwendig herzustellende Fahrzeug zu einem wirtschaftlichen Desaster werden.

Gutbrod Superior

Baujahr	1950-1954
Motor-Bauart	Zweizylinder-Zweitaktmotor
Hubraum (cm³)	593, 663
Leistung (PS/U/min)	20 bei 4000 bis 30 bei 4300
Vmax in (km/h)	100 bis 115
Bauart	Cabrio-Limousine, Kombi (3-türig)
Produktionszahl	7726, davon 866 Kombi

Der Superior war eines der seriösesten Angebote der deutschen Kleinwagenkultur in den frühen fünfziger Jahren. Technisch ausgereift und von hoher baulicher Qualität bot der Superior trotz kleinvolumiger Zweitaktmotorisierung Fahrleistungen auf VW- Käfer-Niveau. In der knapp fünfjährigen Bauzeit erwies es sich jedoch, dass das anvisierte Marktsegment unterhalb des Käfers schwierig zu bedienen war, und nach gut 7700 Fahrzeugen wandte sich Gutbrod wieder anderen Produkten zu.

Hansa 1100 Limousine, Combi, Coupé

Gekonnte Karosserieretuschen verliehen der Coupé-Version des Hansa 1100 ein eigenständiges Äußeres. Der lange Hecküberhang mit leichten Flossenansätzen sowie das radikal verkleinerte Dach machten das Coupé zum idealen Flanierfahrzeug für die Dame des Hauses. Ein auf 55 PS leistungsgesteigerter Motor gab dem Modell ordentlich die Sporen. Das Coupé ist heute die gesuchteste Variante der Hansa-1100-Baureihe – und nur äußerst selten zu finden.

Baujahr	1958-1961
Motor-Bauart	Vierzylinder (Boxer)
Hubraum (cm³)	1093
Leistung (PS/U/min)	40 bei 4200 bis 55 bei 5500
Vmax in (km/h)	125 bis 135
Bauart	Limousine (2-türig), Kombi (2-türig), Coupé
Produktionszahl	28.778

Hansa 1100, Hansa 1700

Baujahr	1934-1940
Motor-Bauart	Vierzylinder (Reihe), Sechszylinder (Reihe)
Hubraum (cm³)	1088, 1634
Leistung (PS/U/min)	27,5 bei 3600 bis 40 bei 3800
Vmax in (km/h)	90 bis 100
Bauart	Limousine (2-türig), Cabrio-Limousine, (2-türig)
Produktionszahl	ca. 27.000

Bis 1939 vermarktete Carl F. W. Borgward die Fahrzeuge seines Unternehmens unter dem Markennamen Hansa. 1934 stieß er mit den im Prinzip gleichen, aber unterschiedlich motorisierten Modellen 1100 und 1700 in den Markt der Mittelklassefahrzeuge vor. Das kleinere Fahrzeug verfügte über einen Vierzylindermotor, während das größere von einem Sechszylinder angetrieben wurde. Die beiden Hansa-Modelle waren attraktiv und modern gestaltet. Es gab sie als zweitürige Limousine sowie als Cabrio-Limousine. Mit fast 30.000 produzierten Einheiten erwies sich die Baureihe als überraschend erfolgreich, was nicht zuletzt an den vergleichsweise günstigen Einstandspreisen lag.

Heinkel Kabine

Baujahr	1956-1958
Motor-Bauart	Einzylinder-Viertaktmotor
Hubraum (cm³)	174, 198, 204
Leistung (PS/U/min)	9,2 bei 5000 bis 10,0 bei 5500
Vmax in (km/h)	82 bis 86
Bauart	Coupé
Produktionszahl	11.975

Ein klangvoller Name aus der Luftfahrt wandte sich 1956 fasziniert der Isetta-Idee zu: Prof. Ernst Heinkel. Er verwendete brachliegende Konstrukteurskapazitäten dazu, seine Interpretation eines „Motocoupés" in die Tat umzusetzen. Obwohl der kleine Heinkel technisch eher eleganter war als die recht burschikose Isetta, griff die Kundschaft weitaus lieber zur Münchner „Knutschkugel". Nur knapp 6500 Kabinen gelangten auf die Straßen, eine Anzahl, die es Heinkel ratsam erscheinen ließ, sich 1958 wieder vom Automobilmarkt zu verabschieden.

Horch 500

Neben Mercedes-Benz und Maybach gehörte Horch zu den absoluten Edelmarken des deutschen Automobilbaus. Das Modell 8, als Limousine und Cabriolet lieferbar, war exquisit ausgestattet und motorisiert: Den Typ 500 zierte ein 5 Liter großer Reihenachtzylinder mit nur 100 PS Leistung, der höchste Fahrkultur garantierte. Fahrdynamik war dagegen weder die starke Seite des Motors noch die des Fahrwerks, das eher fürs gemächliche Repräsentieren gedacht war. Kein Wunder, wurde der 500 doch stets in der langen Pullman-Version ausgeliefert, die bis zu sieben Passagieren Platz bot.

Baujahr	1930-1934
Motor-Bauart	Achtzylinder (Reihe)
Hubraum (cm³)	4944
Leistung (PS/U/min)	100 bei 3400
Vmax in (km/h)	120 bis 125
Bauart	Limousine, Cabriolet
Produktionszahl	k.A.

Horch 830, 830 B, 830 BK/BL, 830 BL, 930, 930 V

Baujahr	1933-1939
Motor-Bauart	V8
Hubraum (cm³)	3004, 3249, 3517, 3823, 3517, 3823
Leistung (PS/U/min)	70 bei 3500 bis 92 bei 3600
Vmax in (km/h)	110 bis 130
Bauart	Limousine, Cabriolet
Produktionszahl	k.A.

Als Ablösung der arg steifen 8er Baureihe brachte die Zwickauer Marke 1933 den 830 auf den Markt, der zunächst mit einem 3 Liter großen Achtzylindermotor in damals avantgardistischer V-Form ausgestattet war. Das in bester Horch-Manier luxuriös ausstaffierte und in exzellenter handwerklicher Qualität ausgeführte Fahrzeug bot verbesserte Fahreigenschaften, wenn auch die abrufbaren 70 PS kaum je für einen Überschuss an Tempo sorgen konnten. Im Laufe der weiteren Modellentwicklung kam es in verschiedenen Zwischenstufen zu einer Hubraumerhöhung auf maximal 3,8 Liter, die mit einer Leistungssteigerung auf immerhin 92 PS einher ging.

Horch 855

Baujahr	1939-1940
Motor-Bauart	Achtzylinder (Reihe)
Hubraum (cm³)	4944
Leistung (PS/U/min)	120 bei 3400
Vmax in (km/h)	135
Bauart	Roadster
Produktionszahl	7

Höhe- und Endpunkt der glorreichen Horch-Ära war das 1939 vorgestellte Cabriolet vom Typ 855, das von seinem Erscheinungsbild her eigentlich mehr ein zweisitziger Roadster war. Üppig dimensioniert und schwergewichtig konnte man den 855 kaum einen ernsthaften Sportwagen nennen. Stattdessen waren auch bei diesem Horch Komfort und Qualität Trumpf. Das Achtzylinder-Triebwerk gehörte nicht zur modernen V-Motoren-Generation sondern mit seinen 5 Litern Hubraum und dezenten 120 PS zur traditionellen Reihenmotor-Familie. Nur 7 Exemplare des Edel-Cabrios entstanden bis dass der zweite Weltkrieg das Kapitel Horch vorläufig schloss.

Kleinschnittger F 125

Baujahr	1950-1957
Motor-Bauart	Einzylinder-Zweitaktmotor
Hubraum (cm³)	123
Leistung (PS/U/min)	4,5 bei 5000
Vmax in (km/h)	70
Bauart	Roadster
Produktionszahl	ca. 2000

Paul Kleinschnittgers Vorstellungen von der Minimalmotorisierung des Bundesbürgers waren radikal: Gewichtsersparnis um jeden Preis gepaart mit geringstmöglichem Antriebsaufwand sollten ökonomischstes Fortkommen garantieren. Das Ergebnis war ein Alu-Roadster, der von einem nur 4,5 PS starken Einzylinder-Zweitakter bewegt wurde. Gestartet wurde mittels Handseilzug, ein dünnes Flatterverdeck bot notdürftigen Wetterschutz und auf den Rückwärtsgang hatte man ganz verzichtet – man konnte das Gefährt schließlich aus Parklücken heben! Ein Wunder, dass immerhin knapp 3000 Exemplare verkauft wurden.

Lloyd LP 300, LC 300, LS 300, LK 300

Ähnlich wie Goliath bzw. Hansa gehörte auch Lloyd zum Bremer Borgward-Imperium. Das Modell 300, wegen seiner Karosseriebauweise aus Holz und Kunstleder halb spöttisch, halb augenzwinkernd „Leukoplastbomber" genannt, war ein gelungener Kleinwagenvorschlag. Die solide Konstruktion wurde von einem 10-PS-Zweizylinder-Zweitakter befeuert, der den Wagen im damaligen Stadtverkehr mitschwimmen ließ. In mehreren Karosserievarianten lieferbar, konnten zwischen 1950 und 1952 immerhin gut 10.000 Exemplare des Ur-Lloyd abgesetzt werden.

Baujahr	1950-1952
Motor-Bauart	Zweizylinder-Zweitaktmotor
Hubraum (cm³)	293
Leistung (PS/U/min)	10 bei 4000
Vmax in (km/h)	75
Bauart	Limousine (2-türig)/Kombi (3-türig), Coupé
Produktionszahl	18.087

Lloyd LT 500, LT 600

Baujahr	1952-1961
Motor-Bauart	Zweizylinder (Zwei- und Viertaktmotor)
Hubraum (cm³)	386, 596
Leistung (PS/U/min)	13 bei 3750 bis 19 bei 4500
Vmax in (km/h)	70 bis 90
Bauart	Kleinbus
Produktionszahl	ca. 40.000

Schon Ende 1952 gab es einen Minivan – er hieß nur noch nicht so. Die Firma Lloyd brachte mit dem LT 500 einen sogenannten Großraum-Pkw auf den Markt. Sein Zweitakter mit ganzen 13 PS mühte sich redlich, bis zu sechs Personen von A nach B zu bringen. Besser wurde das, als der LT 600 1955 mit einem brandneuen Zweizylinder-Viertakter ausgestattet wurde, der immerhin 19 PS leistete. Betont simpel fiel die Bauweise der LT-Modelle aus. Außer der komplett metallenen Front bestand der hintere Aufbau aus Sperrholz, das mit Blech beplankt wurde.

Lloyd LP 400, LC 400, LS 400, LK 400, LP 250

Baujahr	1953-1957
Motor-Bauart	Zweizylinder-Zweitaktmotor
Hubraum (cm³)	250 bis 383
Leistung (PS/U/min)	11 bei 5000 bis 13 bei 3750
Vmax in (km/h)	75
Bauart	Limousine (2-türig), Kombi (3-türig), Cabrio-Limousine
Produktionszahl	109.878/3768

Mit den steigenden Ansprüchen der Kundschaft entwickelte sich auch der Lloyd. Als Modell 400 verfügte er über einen auf 13 PS erstarkten Motor, eine zeitgemäße Karosseriekonstruktion aus Stahlblech sowie eine ansehnliche Linienführung. Die deutschen Autofahrer dankten es ihm: Mehr als hunderttausend 400er fanden einen Käufer. Besonders attraktiv ist die zweitürige Cabrio-Limousine mit großem Rolldach.

Lloyd LP, LC 600, LS 600, LK 600, Lloyd Alexander

Baujahr	1955-1961
Motor-Bauart	Zweizylinder (Reihe)
Hubraum (cm³)	596
Leistung (PS/U/min)	19 bei 4500 bis 13 bei 3750
Vmax in (km/h)	95
Bauart	Limousine (2-türig), Kombi (3-türig), Cabrio-Limousine
Produktionszahl	176.524

Den Trend weg vom Zweitakter erkannte Borgward – anders als etwa DKW in Ingolstadt – noch zur rechten Zeit. Als Ergebnis brachte Lloyd schon 1955 mit dem „600" einen modern konzipierten Zweizylinder-Viertaktmotor auf den Markt, der 19 PS leistete und den Bremer Kleinwagen deutlich aufwertete. Ein Übriges tat die ab 1957 eingeführte „Alexander"-Version, die sich durch eine erheblich verbesserte Ausstattung profilierte.

Lloyd Alexander TS

Baujahr	1958-1961
Motor-Bauart	Zweizylinder (Reihe)
Hubraum (cm³)	596
Leistung (PS/U/min)	25 bei 5000
Vmax in (km/h)	107
Bauart	Limousine (2-türig), Kombi (3-türig)
Produktionszahl	49

Das Sahnestück der Lloyd-Baureihe verfügte über einen leistungsgesteigerten Motor mit 25 PS, der die erreichbaren Fahrleistungswerte fast auf VW-Käfer-Niveau schraubte. Mit neuer Hinterachse und nochmals optimierter Ausstattung ist er bei Oldtimerfans der wohl beliebteste Lloyd – heute allerdings zu Einstandspreisen, die nur als stattlich bezeichnet werden können.

Lloyd Alexander TS Frua

Nur 49 Mal wurde dieses automobile Schaustück vom Turiner Karossier Frua gefertigt. Die Optik versprach allerdings mehr als die Technik halten konnte: Unter dem schicken Blech werkelten nach wie vor unveränderte Lloyd Alexander TS-Komponenten, mithin ein lediglich 25 PS leistender Zweizylinder-Viertaktmotor. An einem Interieur mit typisch italienischer Ausstrahlung mangelte es allerdings nicht. Ein filigranes Holzlenkrad von Nardi sowie ein Drehzahlmesser weckten allerdings eher Assoziationen an italienische Edelrenner als an die Lloyd Motoren Werke aus Bremen...

Baujahr	1958-1959
Motor-Bauart	Zweizylinder (Reihe)
Hubraum (cm³)	596
Leistung (PS/U/min)	25 bei 5000
Vmax in (km/h)	105
Bauart	Coupé
Produktionszahl	49

Maico 500

Wer weiß heute noch, dass die Pfäffinger Firma Maico, bekannt als früherer Hersteller wettbewerbsorientierter Motorräder, sich Mitte der 50er Jahre auch bemühte, im Autogeschäft Fuß zu fassen? Neben den kleinen Zweitakt-Champion für zweiradmüde Wirtschaftswunderkinder machte im Jahr 1957 vor allem ein schicker offener Sportwagen von sich reden, der Maico 500 Sport. Versehen mit einer Karosserie der renommierten Schweizer Karosseriebaufirma Beutler sollte das Sportcabriolet den Weg in ein höheres Marktsegment weisen. Der luftgekühlte Heinkel-Twin unter der langen Motorhaube nützte aber ebensowenig wie das kühne Zweifarbenoutfit – die Zeit Maicos als Autoproduzent war ein Jahr später bereits vorüber, ohne daß der 500 Sport in Produktion gegangen wäre.

Baujahr	1956-1958
Motor-Bauart	Zweizylinder (Reihe)
Hubraum (cm³)	452
Leistung (PS/U/min)	18 bei 4000
Vmax in (km/h)	98
Bauart	Limousine (2-türig), Coupé, Roadster
Produktionszahl	ca. 6301

Maybach W 5

In der obersten Liga des deutschen Vorkriegsautomobilbaus – und was die Exklusivität angeht noch über Mercedes-Benz positioniert – agierte die Firma Maybach aus Friedrichshafen am Bodensee. Seit 1921 war sie mit der noblen W-Baureihe unter eigenem Markennamen im kleinen Segment der Superluxus-Fahrzeuge vertreten. Das 1927 präsentierte Modell W 5 verfügte über einen 7 Liter großen Sechszylindermotor, der seine 120 PS quasi aus dem Ärmel schüttelte. Auf Leistung kam es Wilhelm Maybach aber nicht primär an sondern auf höchste Laufkultur. Die bot das Triebwerk in Hülle und Fülle. Trotzdem fiel es Maybach schwer, im Umfeld der Weltwirtschaftskrise der ausgehenden zwanziger Jahre Automobile dieses Zuschnitts zu verkaufen.

Baujahr	1927-1928
Motor-Bauart	Sechszylinder (Reihe)
Hubraum (cm³)	6995
Leistung (PS/U/min)	120 bei 2400
Vmax in (km/h)	120
Bauart	Cabriolet, Limousine
Produktionszahl	k.A.

Maybach 57, 57S

Was für ein Name, was für ein Auto! Für die offensichtlich als recht groß eingeschätzte Gruppe der superreichen Selbstdarsteller konzipierte die damalige DaimlerChrysler AG eine Nobellimousine im nicht sehr dicht besetzten Preissegment um 300.000 Euro. Die in deutschen Besitz geratenen Marken Rolls-Royce (BMW) und Bentley (VW) ließ man mit ihren Modellen dabei geflissentlich hinter sich. Man griff auf den mythischen Namen Maybach zurück, der in den zwanziger und frühen dreißiger Jahre ebenfalls für Automobile solchen Zuschnitts stand. So präsentierten sich die Maybach-Fahrzeuge in jeder Hinsicht als extrem aufwändig gemachte, aber in ihrer Gestaltung nicht immer geschmacksichere Super-Limousinen, deren technische Qualitäten außer Fragen stehen.

Baujahr	seit 2002
Motor-Bauart	V12
Hubraum (cm³)	5513 bis 5980
Leistung (PS/U/min)	550 bei 5250 bis 612 bei 5200
Vmax in (km/h)	250
Bauart	Limousine (4-türig)
Produktionszahl	k.A.

Melkus RS 1000

Auch in der DDR gab es einen echten Sportwagen. 1969 stellt der Dresdener Rennfahrer und Konstrukteur Heinz Melkus den von ihm in Eigeninitiative konstruierten und gebauten RS 1000 vor. Der hübsche Flügeltürer übernahm die technische Basis des Wartburg 353 mit seinem Kastenrahmen und dem Dreizylinder-Zweitakter. Die Leistung des vor der Hinterachse platzierten Triebwerks wurde auf 70 PS gesteigert. Natürlich hatte Melkus seinem Mittelmotor-Renner Hinterradantrieb verpasst. Wer einen der schnell zum Kultauto des Ostens avancierten RS 1000 haben wollte, brauchte freilich exzellente Beziehungen und ein prall gefülltes DDR-Mark-Konto.

Baujahr	1969-1980
Motor-Bauart	Dreizylinder-Zweitaktmotor
Hubraum (cm³)	993, 1100
Leistung (PS/U/min)	70 bis 90 bei 3500
Vmax in (km/h)	65 bis 210
Bauart	Coupé
Produktionszahl	101

Mercedes-Benz SSK, SSKL (W 06)

Eines der grandiosesten Fahrzeuge der ganzen Automobilgeschichte ist zweifellos der Mercedes-Benz SSK, die mit kurzem Radstand versehene Sportversion des 1927 auf den Markt gebrachten Typ SS. Mit Kompressor versehen und 170 PS Leistung aus seinem 7-Liter-Sechszylindermotor war der Sportroadster bei Motorsportveranstaltungen extrem erfolgreich – in noch stärkerem Maß traf dies für seinen nur in sieben Exemplaren gefertigten Bruder SSKL zu, der auf rund 1,5 Tonnen Gewicht abgespeckt und mit bis zu 300 PS ein nahezu konkurrenzloses Renngerät darstellte, besonders in den Händen von Mercedes-Werksfahrern wie Rudolf Caracciola.

Baujahr	1928-1932
Motor-Bauart	Sechszylinder (Reihe)
Hubraum (cm³)	7068
Leistung (PS/U/min)	170 bei 3200 bis 300 bei 3400
Vmax in (km/h)	192 bis 235
Bauart	Speedster, Cabrio
Produktionszahl	33 oder 38

Mercedes-Benz 770 (W 07, „Großer Mercedes")

Baujahr	1930-1938
Motor-Bauart	Achtzylinder (Reihe)
Hubraum (cm³)	7655
Leistung (PS/U/min)	105 bis 200 bei 2800
Vmax in (km/h)	150 bis 160
Bauart	Limousine (4-türig), Cabriolet
Produktionszahl	117

Was in den sechziger bis achtziger Jahren des letzten Jahrhunderts der Mercedes 600 darstellte, war in den dreißiger Jahren der Typ 770 – ein ohne Rücksicht auf Kosten und Aufwand hergestelltes Automobil für Potentaten, Groß-Unternehmer und Reichsmark-Millionäre, das eigentlich den Werksnamen „Großer Mercedes" trug. Der mit allem erdenklichen Luxus versehene und auf Wunsch natürlich nach individuellen Wünschen ausgestattete 770 wurde von einem fast 7,7 Liter großen Reihenachtzylinder angetrieben, der – sofern die Kompressorversion geordert wurde – bis zu 200 PS bereit stellte. Insgesamt 117 Exemplare des horrend teuren Nobel-Gefährts wurden gebaut und ein Gutteil davon in alle Welt exportiert.

Mercedes-Benz 170 (W 15)

Der erste Mercedes-Benz mit der Typenbezeichnung 170 kam schon 1931 auf den Markt. Er war das bis dahin kleinste Sechszylindermodell der Stuttgarter und insofern eine Reaktion auf die schwierige Wirtschaftslage jener Zeit. Den Wagen zeichneten dennoch eine Reihe moderner Konstruktionsmerkmale aus, wie etwa die neue Hinterachsaufhängung und eine hydraulische Bremsanlage, die neue Dimensionen der Fahrsicherheit ermöglichten. Die Linienführung der zwei- bzw. viertürigen Limousinenkarosserie freilich war höchst konservativ. Optisch attraktiver gerieten die ebenfalls angebotenen Cabriolet- und Roadsterversionen.

Baujahr	1931-1936
Motor-Bauart	Sechszylinder (Reihe)
Hubraum (cm³)	1692
Leistung (PS/U/min)	32 bei 3200
Vmax in (km/h)	90
Bauart	Limousine (2-/4-türig), Cabriolet, Roadster
Produktionszahl	13.775

Mercedes-Benz 500, 500 N (W 08), 500 K (W 29/24), 540 K (W 29/129/24)

Baujahr	1931-1935
Motor-Bauart	Achtzylinder (Reihe)
Hubraum (cm³)	5019 bis 5401
Leistung (PS/U/min)	100 bei 3400 bis 115 bei 3300 (180 bei 3400)
Vmax in (km/h)	160 bis 174
Bauart	Limousine (4-türig), Coupé, Cabriolet, Roadster
Produktionszahl	k.A.

Die neue Top-Baureihe von Mercedes-Benz – abgesehen vom über allem schwebenden 770 – hieß 500 und wurde 1933 präsentiert. Sie bot einem zahlungskräftigen Kundenkreis moderne Technik, exzellente Fahrleistungen und –eigenschaften sowie hinreißende schöne werkseitig lieferbare Karosserien – egal ob als Limousine, Coupé, Cabriolet oder Roadster. Aus dem 500 wurde der 500 K, wenn der Fünfliter-Reihenachtzylinder mittels Kompressor auf 160 PS leistungsgesteigert war. Zahlreiche 500er wurden auf dem Serienfahrgestell auch mit Spezialaufbauten berühmter Karosseriebauer ausgestattet.

Mercedes-Benz 290 (W 18)

Eine Nummer kleiner als die Spitzenbaureihe 500/540 war der ebenfalls 1933 auf den Markt gebrachte 290er Mercedes. Er wartete mit einem 2,9 Liter großen Sechszylindertriebwerk auf, das magere 60 PS lieferte und alle Mühe hatte, das solide gebaute Fahrzeug nachhaltig in Bewegung zu setzen. Es gab den 290er in den Basisausführungen als viertürige Limousine, Cabriolet und Roadster – und jeweils noch in weiteren Untervarianten. Mit dieser Angebotsvielfalt ließen die Stuttgarter der in der Dreiliter-Klasse ohnehin nicht sehr zahlreichen Konkurrenz kaum noch Raum.

Baujahr	1933-1937
Motor-Bauart	Sechszylinder (Reihe)
Hubraum (cm³)	2847
Leistung (PS/U/min)	60 bei 3200
Vmax in (km/h)	105
Bauart	Limousine (4-türig), Cabriolet, Roadster
Produktionszahl	7495

Mercedes-Benz 130 (W 23)

Zu einem bis heute nahezu legendären Misserfolg für die Nobelmarke wurde die 1934 eingeführte Baureihe 130. Der Versuch, in schlechten Zeiten einen kleineren, für einen breiteren Kundenkreis noch erschwinglichen Mercedes-Benz auf dem Markt zu etablieren, scheiterte bereits nach gut zwei Jahren. Der mit einem im Heck untergebrachten 1,3-Liter-Vierzylinder ausgerüstete 130 litt vor allem an einem unberechenbaren Kurvenverhalten, das durch konstruktive Mängel bedingt war, und an seinem hohen Preis. Beides sorgte dafür, dass von 1934 bis 1936 nur gut 4000 Autos verkauft werden konnten – zu wenig für die hohen Ansprüche der Stuttgarter Marke.

Baujahr	1934-1936
Motor-Bauart	Vierzylinder (Reihe)
Hubraum (cm³)	1308
Leistung (PS/U/min)	26 bei 3600
Vmax in (km/h)	92
Bauart	Limousine, Cabriolimousine, Tourenwagen
Produktionszahl	4298

Mercedes-Benz 260 D (W 138)

Baujahr	1935-1940
Motor-Bauart	Vierzylinder (Reihe)
Hubraum (cm³)	2545
Leistung (PS/U/min)	45 bei 3000
Vmax in (km/h)	95
Bauart	Limousine (4-türig), Landaulet, Cabriolet
Produktionszahl	1967

Bereits 1936 begann, was erst in den letzten gut 20 Jahren zu einer echten Massenbewegung wurde. In der mit langem Radstand ausgerüsteten viertürigen Limousine namens 260 D nagelte unter der Motorhaube der weltweit erste Dieselmotor, der für einen Betrieb im Pkw kultiviert werden konnte. Bislang waren die leistungsschwachen und unerträglich vibrierenden, aber extrem genügsamen und langlebigen Selbstzünder in Lastkraftwagen auf breiterer Front zum Einsatz gekommen. Mit dem seinerzeit nur schleppend verkäuflichen 260 D sicherte sich Mercedes-Benz jedenfalls auf Jahrzehnte hinaus die Technologieführerschaft bei Dieselmotoren.

Mercedes-Benz 320 (W 142)

Baujahr	1937-1942
Motor-Bauart	Sechszylinder (Reihe)
Hubraum (cm³)	3207, 3405
Leistung (PS/U/min)	78 bei 4000 bzw. 78 bei 3400
Vmax in (km/h)	126 bis 129
Bauart	Limousine (4-türig), Cabriolet, Roadster
Produktionszahl	5189

Der Nachfolger der 290er Baureihe sollte vor allem den Hauptschwachpunkt der Vorgängermodelle beseitigen: die zu geringe Motorleistung. Mit dem auf 3,2 Liter Hubraum aufgebohrten Sechszylinder gelang dies einigermaßen. 78 PS zündeten zwar immer noch kein Feuerwerk in Sachen Fahrleistungen, sie sorgten aber für ein harmonischeres Bild der Baureihe. Technisch und in der äußeren Erscheinung blieb beim 320 fast alles beim Alten, auch die Zahl der lieferbaren Karosserievarianten hatte sich nicht verändert.

Mercedes-Benz 170 V, 170 D, 170 Va, 170 Da, 170 Vb, 170 Db (W 136)

Baujahr	1946-1953
Motor-Bauart	Vierzylinder (Reihe)
Hubraum (cm³)	1697, 1767
Leistung (PS/U/min)	38 bei 3200 bis 45 bei 3600
Vmax in (km/h)	100 bis 116
Bauart	Limousine (4-türig), Cabriolet (4-türig), Kombi (5-türig)
Produktionszahl	83.190

Mit dieser fortschrittlichen Vorkriegskonstruktion begann das Daimler-Benz-Personenwagenprogramm im Jahre 1947 wieder, sich zu entwickeln. Robuste Bauart und stetige Modellpflege ließen die Modelle zu einem grundsoliden, wenn auch teuren Kauf werden. Der schier unverwüstliche Diesel kam 1949 ins Programm. Die viersitzige Limousine war die einzige lieferbare Karosserievariante.

Mercedes-Benz 170 S, 170 S-V, 170 S-D (W 136), 170 Sb, 170DS (W 191)

Ein mildes Facelifting und überarbeitete Motoren sorgten dafür, dass aus dem „V" der „S" und aus dem „D" der „DS" wurde. Auch sonst tat sich Einiges: Es gab einen größeren Innenraum und eine veränderte Armaturentafel. Dennoch blieben die 170er Mercedes, was sie immer waren: qualitativ hochwertige Fahrzeuge zu Preisen, die weit über dem lagen, was sich der Durchschnittsbürger der Nachkriegszeit leisten konnte.

Baujahr	1949-1955
Motor-Bauart	Vierzylinder (Reihe)
Hubraum (cm³)	1767
Leistung (PS/U/min)	40 bei 3200 bis 52 bei 4000
Vmax in (km/h)	105 bis 122
Bauart	Limousine (4-türig), Kombi (5-türig)
Produktionszahl	39.980, 27.872

Mercedes-Benz 170 S Cabriolet A und B (W 136)

Baujahr	1949-1951
Motor-Bauart	Vierzylinder (Reihe)
Hubraum (cm³)	1767
Leistung (PS/U/min)	52 bei 4000
Vmax in (km/h)	122
Bauart	Cabriolet
Produktionszahl	1606 (Cabriolet B), 830 (Cabriolet A)

Schon Ende der vierziger Jahre gab es wieder Bedarf am schönen Unnötigen. Daimler-Benz trug diesem Zustand mit zwei herrlichen Cabriolets auf Basis der 170er-Modelle Rechnung. Das zwei- bis dreisitzige Cabriolet A wie das etwas weniger sportliche vier- bis fünfsitzige Cabriolet B zeichneten sich durch opulente Ausstattung, ein aufwändiges Verdeck und fließende Linien aus, die sich an denen der Limousinenmodelle orientierten. Technisch waren sie mit den 170-S-Versionen identisch.

Mercedes-Benz 220 Cabriolet A, 220 Cabriolet B, 220 Coupé (W 187)

Baujahr	1951-1955
Motor-Bauart	Sechszylinder (Reihe)
Hubraum (cm³)	2195
Leistung (PS/U/min)	80 bei 4850 bis 85 bei 4800
Vmax in (km/h)	145
Bauart	Cabriolet, Coupé
Produktionszahl	Cabriolet A und B: 2275, Coupé: 85

Natürlich boten sich auch für die Sechszylindermotorisierung offene Karosserievarianten an. Gemäß der Mercedes-üblichen Nomenklatur gab es folglich ein sportlicheres Cabriolet A mit zwei bis drei Sitzplätzen sowie ein vier- bis fünfsitziges Cabriolet B. An den Qualitäten dieser Offen-Daimler gab es nichts zu deuteln: Solidität gepaart mit seriöser Vornehmheit hieß die Losung.

Mercedes-Benz 220 (W 187)

Der größere Bruder des 170 hieß 220 und unterschied sich äußerlich nur auf den zweiten Blick von diesem: Unter anderem waren seine Hauptscheinwerfer in die vorderen Kotflügel eingelassen. Mit seinem 2,2-Liter-Sechszylinder unter der Haube überzeugte der 220er jedoch mit souveränerer und vor allem kultivierterer Kraftentfaltung. Eine passende Limousine für die Direktionsetage.

Baujahr	1951-1955
Motor-Bauart	Sechszylinder (Reihe)
Hubraum (cm³)	2195
Leistung (PS/U/min)	80 bei 4850
Vmax in (km/h)	140
Bauart	Limousine (4-türig)
Produktionszahl	16.154

Mercedes-Benz 300 (300, 300 b, 300 c (W 186), 300d (W 189)

Der erste echte Repräsentations-Mercedes kam 1951 auf den Markt. Sein Dreiliter-Sechszylinder produzierte 115, in späteren Modellen 125 PS und sorgte für beachtlichen Vortrieb. Luxus und Komfort in Hülle und Fülle umgaben die Insassen. Prominentester Nutzer war wohl der seinerzeitige Bundeskanzler Konrad Adenauer, der diesem Auto auch seinen Spitznamen gab. Besonders exquisit: das viertürige Cabriolet mit riesigem Faltverdeck.

Baujahr	1951-1957
Motor-Bauart	Sechszylinder (Reihe)
Hubraum (cm³)	2996
Leistung (PS/U/min)	115 bei 4600 bis 125 bei 4500
Vmax in (km/h)	155 bis 163
Bauart	Limousine (4-türig), Cabriolet (4-türig)
Produktionszahl	7646, 642 (Cabriolet)

S OG 6218
S IE 1745

Mercedes-Benz 300 S (W 188)

Baujahr	1952-1958
Motor-Bauart	Sechszylinder (Reihe)
Hubraum (cm³)	2996
Leistung (PS/U/min)	150 bei 5000 bis 175 bei 5400
Vmax in (km/h)	175 bis 185
Bauart	Cabriolet, Coupé, Roadster
Produktionszahl	760

Das eigentliche Spitzenmodell der Mercedes-Typenpalette war der 300 S – und nicht der Flügeltüren-SL. Noch um Einiges teurer als dieser und natürlich glamouröser, glänzte der als Coupé und Cabrio erhältliche 300 S mit hoher Motorleistung (ab 1955 Benzineinspritzung und 175 PS) und vorbildlichem Komfort. Da der S auch noch seltener verkauft wurde als die SL-Modelle, kommt ihm heute ein besonderer Rang als Klassiker zu.

Mercedes-Benz 180 (180 a, b, c und 180 D) (W 120)

Baujahr	1953-1962
Motor-Bauart	Vierzylinder (Reihe)
Hubraum (cm³)	1767, 1897, 1988
Leistung (PS/U/min)	40 bei 3200 bis 68 bei 4400
Vmax in (km/h)	112 bis 136
Bauart	Limousine (4-türig)
Produktionszahl	118.234, 152.983 (180 D)

Als Nachfolger der 170er-Baureihe präsentierte sich der 180er Mercedes formal ganz auf der Höhe der Zeit. Seine glattflächige, jetzt selbsttragend konzipierte Karosserie bot Raum und Übersichtlichkeit bei gewohnt solider Bauweise. Bei der Motorisierung musste die Kundschaft allerdings noch auf den Sprung in die Neuzeit warten: Die altertümlichen Benzin- und Dieselmotoren aus der Vorgängerbaureihe blieben zunächst Ausstattungsstandard.

Mercedes-Benz 300 SL Coupé, „Flügeltürer", „Gullwing" (W 198 I)

Der Flügeltürer war und ist die Inkarnation des deutschen Nachkriegs-Supersportwagens. Hochkarätige Technik und der unwiderstehliche Rennsport-Appeal machten das Flügeltüren-Coupé zu einer echten Legende. Besonders bequem und bedienungsfreundlich war er zwar nicht, und auch seine Fahreigenschaften sorgten mitunter für beschleunigten Pulsschlag hinter dem Volant, aber seine Ausstrahlung war stets unvergleichlich.

Baujahr	1954-1957
Motor-Bauart	Sechszylinder (Reihe)
Hubraum (cm³)	2996
Leistung (PS/U/min)	215 bei 5800
Vmax in (km/h)	235
Bauart	Coupé
Produktionszahl	1400 (davon 29 mit Alu-Kar.)

Mercedes-Benz 220 a, 220 S (W 180), 220 SE (W 128), 219 (W 105) Limousine

Baujahr	1954-1959
Motor-Bauart	Sechszylinder (Reihe)
Hubraum (cm³)	2195
Leistung (PS/U/min)	85 bei 4800 bis 115 bei 4800
Vmax in (km/h)	150 bis 160
Bauart	Limousine (4-türig)
Produktionszahl	83.190

Die obere Mittelklasse von Daimler-Benz deckte in der zweiten Hälfte der fünfziger Jahre der 220 a mit seiner charakteristischen Pontonform ab. Eine verlängerte Motorhaube und vermehrter Chromschmuck hoben ihn überraschend deutlich von seinen Vierzylinder-Brüdern ab. Die Leistung des alten Reihensechszylinders mit 2,2 Litern Hubraum reichte von 85 PS bis hin zu 115 PS im rar gebliebenen 220 SE mit Benzineinspritzung. Auch heute noch ist der 220 a eine angenehme Reiselimousine, besonders attraktiv mit einem großen Faltschiebedach, wie es seinerzeit auf Wunsch lieferbar war.

Mercedes-Benz 190 SL (W 121)

Weniger als Straßensportwagen im klassischen Sinne, denn als angenehmes Reise-Cabriolet war der 190 SL zu sehen. Mit seinem leistungsgesteigerten 1,9-Liter-Motor und 105 PS schaffte er ganz ansehnliche Fahrleistungen, und auch seine Ausstattung ließ keine Wünsche offen, doch seine optische Anlehnung an den Vollblutsportwagen 300 SL schadete ihm mehr, als sie ihm nutzte. Dessen ganz spezielle Art der Ausstrahlung blieb dem 190 SL zeitlebens verwehrt.

Baujahr	1955-1963
Motor-Bauart	Vierzylinder (Reihe)
Hubraum (cm³)	1897
Leistung (PS/U/min)	105 bei 5700
Vmax in (km/h)	171
Bauart	Cabriolet
Produktionszahl	25.881

Mercedes-Benz 220 S und 220 SE Cabriolet und Coupé (W 128)

Baujahr	1956-1960
Motor-Bauart	Sechszylinder (Reihe)
Hubraum (cm³)	2195
Leistung (PS/U/min)	100 bei 4800, 115 bei 4800
Vmax in (km/h)	160
Bauart	Cabriolet, Coupé
Produktionszahl	3429 (220 S), 1942 (220 SE), 3290 (Cab.), 2081 (Coupé)

Die obere Mittelklasse von Daimler-Benz deckte in der zweiten Hälfte der fünfziger Jahre der 220 S mit seiner charakteristischen Pontonform ab. Eine verlängerte Motorhaube und vermehrter Chromschmuck hoben ihn überraschend deutlich von seinen Vierzylinder-Brüdern ab. Die Leistung des alten Reihensechszylinders mit 2,2 Litern Hubraum reichte von 85 PS bis hin zu 115 PS im rar gebliebenen 220 SE mit Benzineinspritzung. Auch heute noch ist der 220 a eine angenehme Reiselimousine, besonders attraktiv mit einem großen Faltschiebedach, wie es seinerzeit auf Wunsch lieferbar war.

Mercedes-Benz 300 d (W 189)

Baujahr	1957-1962
Motor-Bauart	Sechszylinder (Reihe)
Hubraum (cm³)	2996
Leistung (PS/U/min)	160 bei 5300
Vmax in (km/h)	165 bis 170
Bauart	Limousine (4-türig), Cabriolet (4-türig)
Produktionszahl	3077, Cabriolet 65

Die letzte Version des alten 300 überraschte mit moderneren, geglätteten Linien im amerikanisch angehauchten Hardtop-Stil. Voll versenkbare pfostenlose Seitenscheiben brachten hier ein luftig-sportives Aussehen. Der 160 PS starke Dreiliter-Sechszylinder verrichtete immer noch unaufdringlich aber nachdrücklich seine Arbeit. Weiterhin blieb die Cabriolet-Variante im Programm, wurde aber nur 65 Mal produziert, was sie heute zur extremen Rarität macht.

Mercedes-Benz 300 SL Roadster (W 198 II)

Baujahr	1957-1963
Motor-Bauart	Sechszylinder (Reihe)
Hubraum (cm³)	2996
Leistung (PS/U/min)	215 bei 5800
Vmax in (km/h)	220 bis 250
Bauart	Cabriolet
Produktionszahl	1858

Der Roadster zeigte sich gegenüber dem Coupé als das etwas zivilisiertere Fahrzeug. Für besseren Einstiegskomfort sorgte ein abgeänderter Gitterrohrrahmen. Kurbelfenster und das perfekt sitzende Verdeck machten den Aufenthalt im SL auch für weniger komfortorientiertere Insassen angenehm. Unter dem Blech sorgte eine modifizierte Hinterachse für ein berechenbareres Fahrverhalten – den großartigen Dreiliter-Reihensechszylinder mit Benzineinspritzung ließ man zum Glück so, wie er war.

Mercedes-Benz 220 b, 220 Sb, 220 SEb (W 111)

Baujahr	1961-1971
Motor-Bauart	Sechszylinder (Reihe)
Hubraum (cm³)	2195
Leistung (PS/U/min)	95 bei 4800, 120 bei 4800
Vmax in (km/h)	160 bis 172
Bauart	Limousine (4-türig)
Produktionszahl	296.896

Die heute im Volksmund „Heckflossen-Modelle" genannten Typen der Baureihe W 111 folgten formal stärker dem Zeitgeschmack als ihre Vorgänger. Reichlicher Chrombesatz, ein vertikal stehender Bandtachometer und die sprichwörtlichen – wenn auch vergleichsweise gemäßigt dimensionierten – Heckflossen gaben Mercedes-Fahrern das gute Gefühl, nicht gänzlich vom Lauf der Welt abgekoppelt zu sein. Unter dem Blech freilich lautete die Devise: keine Experimente. Robuste Technik sorgte schließlich schon immer für den vorzüglichen Ruf der Marke.

Mercedes-Benz 190 c und Dc, 200 und 200 D (W 110)

Baujahr	1961-1968
Motor-Bauart	Vierzylinder (Reihe)
Hubraum (cm³)	1897, 1988
Leistung (PS/U/min)	55 bei 4200 bis 95 bei 5400
Vmax in (km/h)	130 bis 160
Bauart	Limousine (4-türig), Kombi (5-türig)
Produktionszahl	588.024

Das Attribut „Reisewagen" konnte man den Dieselmodellen der W-110-Baureihe allerdings nicht guten Gewissens verleihen. Mit einem Leistungsgewicht von 26 kg/PS trugen der 190 D wie der 200 D zum Image des qualmenden Verkehrshindernisses auf Deutschlands immer schneller befahrenen Autobahnen bei, das sich die lahmen Selbstzünder mit dem Stern auf der Motorhaube damals einhandelten. Doch diese Zeiten sind ja mittlerweile gründlich vorbei…

Mercedes-Benz 300 SE und 300 SE lang (W 112/3)

Baujahr	1962-1967
Motor-Bauart	Sechszylinder (Reihe)
Hubraum (cm³)	2996
Leistung (PS/U/min)	160 bei 5000 bis 170 bei 5400
Vmax in (km/h)	175 bis 200
Bauart	Limousine (4-türig)
Produktionszahl	6748, davon 1546 SEL

Das prestigeträchtigste Heckflossen-Modell bot eine gelungene Synthese aus Kraft und Komfort. Üppig ausgestattet und mit noch mehr Chromschmuck versehen, blieben die wahren Stärken des 300 SE von außen unsichtbar: der herrliche Dreiliter-Sechszylinder-Alumotor mit Benzineinspritzung, eine aufwändige Luftfederung sowie die Vierrad-Scheibenbremsanlage mit moderner Zweikreisaufteilung. Schließlich sorgte ihr hoher Preis dafür, dass nur gut 6700 Fahrzeuge der 300er-Baureihe in knapp fünf Jahren produziert wurden.

Mercedes-Benz 220 SE, 250 SE, 280 SE Coupé und Cabriolet (W 111)

Baujahr	1961-1971
Motor-Bauart	Sechszylinder (Reihe)
Hubraum (cm³)	2195, 2496, 2778
Leistung (PS/U/min)	120 bei 4800 bis 160 bei 5500
Vmax in (km/h)	172 bis 193
Bauart	Coupé, Cabriolet
Produktionszahl	16.902 (220), 6213 (250), 5187 (280)

Wie üblich platzierte Daimler-Benz neben seine Mercedes-Limousinen auch eine darauf basierende Coupé- und Cabriolet-Baureihe. Formal geglättet und ohne Heckflossenansätze wusste die zeitlose Linienführung des 1961 präsentierten 220 SE Coupé auf Anhieb zu begeistern. Diese Fahrzeuge waren als vollwertige Viersitzer konzipiert und erschlossen damit einen breiteren Kundenkreis als die Vorgängermodelle. Die Motorleistungen stiegen mit den Hubräumen von 120 PS aus 2,3 Litern auf bis zu 160 PS aus 2,8 Litern Hubraum.

Mercedes-Benz 300 SE Coupé und Cabriolet (W 112/3)

In Anlehnung an die Limousinen stellte auch bei den Coupé- bzw. Cabriolet-Modellen die 300er-Ausführung die Topversion dar. Alle technischen Besonderheiten der Viertürer fanden auch hier Verwendung. Heute sind die exquisiten 300er-Modelle, besonders in offener Form, äußerst begehrt, aber kaum noch zu finden. Das sichert ihnen ein hohes Preisniveau.

Baujahr	1961-1965
Motor-Bauart	Sechszylinder (Reihe)
Hubraum (cm³)	2996
Leistung (PS/U/min)	160 bei 5000 bis 170 bei 5400
Vmax in (km/h)	175 bis 200
Bauart	Coupé, Cabriolet
Produktionszahl	3127

Mercedes-Benz 230 SL, 250 SL, 280 SL (W 113)

Baujahr	1963-1971
Motor-Bauart	Sechszylinder (Reihe)
Hubraum (cm³)	2281, 2496, 2778
Leistung (PS/U/min)	150 bei 5500 bis 170 bei 5750
Vmax in (km/h)	190 bis 200
Bauart	Cabriolet
Produktionszahl	48.912

Nach den beiden Extremen 300 SL und 190 SL bekam die Roadster-Tradition der Untertürkheimer im Jahre 1963 eine neue Akzentsetzung. Mit dem 230 SL wurde ein klares, neues Modellkonzept geschaffen. Zeitlos-sportliche Formgebung, eine ausgereifte Verdeckkonstruktion, perfekt sitzendes Hardtop und stramme Motorisierung kennzeichneten das hier vorgestellte „Pagoden"-Modell. Der Spitzname rührt übrigens von der charakteristischen Form des Hardtopdach-Mittelteils her.

Mercedes-Benz 600 (W 100)

Baujahr	1964-1981
Motor-Bauart	V8
Hubraum (cm³)	6330
Leistung (PS/U/min)	250 bei 4000
Vmax in (km/h)	200 bis 207
Bauart	Limousine (4-türig), Limousine (6-türig)
Produktionszahl	2677

Der Über-Mercedes hieß „600" und konnte alles – sogar sich sportwagenmäßig bewegen lassen. Auf den ersten Blick traute man ihm das gar nicht zu. Seine ellenlange, kantige Karosserie und üppigster Chromschmuck ließen eher auf ein träge dahin schaukelndes Monster nach amerikanischer Art schließen. Weit gefehlt: Der 6,3-Liter-V8 und das aufwendige Fahrwerk hatten durchaus fahraktiven Charakter. Dennoch war Repräsentation sein eigentlicher Daseinszweck, und hier hatte er vollen Erfolg. Bis 1981 ließen sich über 2600 600er in allen Varianten absetzen.

Mercedes-Benz 230 (W 110), 230 S (W 111 IA)

Baujahr	1965-1968
Motor-Bauart	Sechszylinder (Reihe)
Hubraum (cm³)	2281
Leistung (PS/U/min)	105 bei 5200 bis 120 bei 5400
Vmax in (km/h)	165 bis 175
Bauart	Limousine (4-türig), Kombi (5-türig) (230 S)
Produktionszahl	40.258

Das Spitzenmodell der kleineren Heckflossen-Baureihe namens 230 stellte das Bindeglied zur W-111-Baureihe, den großen Heckflossen-Modellén, dar und zeigte mit seinem 105 starken 2,3-Liter-Sechszylinder durchaus agiles Temperament. Das gleiche Triebwerk befeuerte – auf 120 PS leistungsgesteigert – auch das größere Modell 230 S und grenzte es zur neu entstandenen Oberklassen-Limousinenbaureihe W 108 mit mindestens 2,5 Liter großem Sechszylinder ab. Beide 230er waren harmonische Reisewagen mit gutem Raumangebot und angenehmem Komfort.

Mercedes-Benz 250 S, 250 SE, 280 S, 280 SE, 280 SE 3.5, 300 SEb (W 108)

Baujahr	1965-1972
Motor-Bauart	Sechszylinder (Reihe), V8
Hubraum (cm³)	2496, 2778, 2996, 3499
Leistung (PS/U/min)	130 bei 5400 bis 200 bei 5800
Vmax in (km/h)	177 bis 210
Bauart	Limousine (4-türig)
Produktionszahl	129.858 (250), 184.986 (280), 11.309 (280 3,5), 2737 (300 SE)

Den Sprung in die absolute Oberklasse vollzog Daimler-Benz mit der Einführung der eigentlichen „S-Klasse". Schöner, größer und technisch runderneuert bedeuteten die W-108-Modelle einen echten Einschnitt in der Modellhistorie. Neben den erstarkten Sechszylindern verdient vor allem der neue 3,5-Liter-V8 Beachtung, der den abgemagerten 300 SE schnell überstrahlte und mit seiner Kraft und Laufkultur im Jahre 1971 neue Maßstäbe setzte. Er machte die große Limousine deutlich über 200 Stundenkilometer schnell.

Mercedes-Benz 280 SEL, 280 SEL 3.5 (W 108), 300 SEL, 300 SEL 3.5, 300 SEL 6.3 (W 109)

Baujahr	1966-1972
Motor-Bauart	Sechszylinder (Reihe), V8
Hubraum (cm³)	2778, 2996, 3499, 6330
Leistung (PS/U/min)	160 bei 5500 bis 250 bei 4000
Vmax in (km/h)	185 bis 221
Bauart	Limousine (4-türig)
Produktionszahl	27.829 (plus 10.726 SEL 4.5)

Die Lang-Modelle wurden 1965 mit dem 300 SEL ins Programm genommen, um den Komfortaspekt der Limousinen noch mehr zu betonen. Der um 10 Zentimeter verlängerte Radstand sowie eine bequeme Luftfederung ließen es vor allem den Fondpassagieren besonders wohl ergehen. Wer zu alledem noch atemberaubende Fahrleistungen wollte, griff zum 300 SEL 6.3, der über den V8-Motor des „600" verfügte und auf der linken Autobahnspur bei so manchen Porsche-Fahrern für alptraumhafte Erfahrungen sorgte.

Mercedes-Benz 200, 220, 230.4 (W 115), 230.6, 280 E (W 114, „Strich-8")

Die Strich-8-Benzinermodelle verkörperten klassische Mercedes-Werte jener Ära – unerschütterliche Qualität, Langlebigkeit und konservative Optik. Erstmals wurden aber auch leistungsbewusste Kunden angesprochen. Der 280 in Vergaserausführung und der 280 E mit Benzineinspritzung, im Jahre 1972 auf den Markt gebracht, überzeugten mit ihren 160- bzw. 185-PS-Triebwerken, die den ansonsten etwas behäbigen Mercedes-Limousinen auf die Sprünge halfen. Von außen waren die Spitzenmodelle der Baureihe kaum als solche zu erkennen, andere Stoßstangen und breitere Reifen registrierten nur die Experten auf den ersten Blick.

Baujahr	1967-1976
Motor-Bauart	Vierzylinder (Reihe), Sechszylinder (Reihe)
Hubraum (cm³)	1988, 2197, 2277, 2292, 2496, 2746
Leistung (PS/U/min)	85 bei 5000 bis 185 bei 6000
Vmax in (km/h)	158 bis 200
Bauart	Limousine (4-türig)
Produktionszahl	ca. 1,8 Millionen

Mercedes-Benz 200 D, 220 D, 240 D, 240 D 3.0 (W 115, „Strich-8")

Baujahr	1967-1976
Motor-Bauart	Vierzylinder (Reihe), Fünfzylinder (Reihe)
Hubraum (cm³)	1988, 2197, 2404, 2971
Leistung (PS/U/min)	55 bei 4200 bis 80 bei 4000
Vmax in (km/h)	125 bis 149
Bauart	Limousine (4-türig)
Produktionszahl	945.206

Die 1967 auf den Markt gekommenen Diesel-Limousinen der sogenannten Strich-8-Baureihe stellten das Nonplusultra in Sachen traditioneller Haltbarkeit und Wirtschaftlichkeit dar. Während die 200er und 220er ausgesprochen träge Gesellen mit allerdings legendären Langläufer-Qualitäten waren, sorgte der 1973 präsentierte 240 D erstmals für halbwegs zeitgemäße Fahrleistungen. Übertroffen wurde er freilich von der Dreiliter-Variante mit einem angehängten fünften Zylinder und 80 PS, die 1974 nachgeschoben wurde. Sie war mit ihren Fahrleistungen auch uneingeschränkt autobahn- und langstreckentauglich.

Mercedes-Benz 250 C, 250 CE, 280 C, 280 CE (C 114, „Strich-8")

Baujahr	1968-1976
Motor-Bauart	Sechszylinder (Reihe)
Hubraum (cm³)	2496, 2778, 2746
Leistung (PS/U/min)	130 bei 5000 bis 185 bei 6000
Vmax in (km/h)	175 bis 200
Bauart	Coupé
Produktionszahl	67.048

Die Coupé-Modelle der Mercedes-Mittelklasse-Baureihe waren nur mit sechs Zylindern zu haben. Richtig attraktiv wurden sie dadurch aber auch nicht: Das formal wenig gelungene Dach wirkt unorganisch angesetzt und sorgte kaum für den angestrebten sportlichen Touch. Dafür verlangte Daimler-Benz aber einen satten Preiszuschlag für die C/CE-Modelle, ohne dass sich an der Technik gegenüber den Limousinen etwas getan hatte.

Mercedes-Benz 280 SE 3.5 Coupé und Cabriolet (W 111)

Das neue V8-Aggregat erwies sich natürlich auch für die Coupé- und Cabriolet-Modelle als außerordentlich geeignete Kraftquelle. In den beiden letzten Baujahren ausschließlich mit dieser leistungsfreudigen Maschine bestückt, gelangten die sportlichen Viersitzer am Ende ihrer Karriere zu höchster Blüte: klassische Linienführung innen und außen und hohe Fahrleistungen machten sie zu den deutschen Edelfahrzeugen schlechthin.

Baujahr	1969-1971
Motor-Bauart	V8
Hubraum (cm³)	3499
Leistung (PS/U/min)	200 bei 5800
Vmax in (km/h)	210
Bauart	Coupé, Cabriolet
Produktionszahl	4502

Mercedes-Benz 280 SL, 300 SL, 350 SL, 380 SL, 420 SL, 450 SL, 500 SL, 560 SL (R 107)

Als Nachfolger der „Pagoden"-Modelle hatten die neuen Roadster großen Markterfolg, obwohl sie rein äußerlich die Leichtigkeit der Linienführung der älteren Baureihe verloren hatten. Gleichwohl waren sie technisch erheblich verfeinert und rundum modernisiert worden. Vor allem die Einführung der V8-Maschine mit zunächst 3,5, später sogar mit 4,5 Litern Hubraum brachte auch neue Fahrleistungsdimensionen. Bis zum Herbst 1989 wurden die alten Roadster ständig modellgepflegt und repräsentierten noch durchaus zeitgemäßen technischen Standard – selbst nach fast 20 Jahren Bauzeit.

Baujahr	1971-1989
Motor-Bauart	Sechszylinder (Reihe), V8
Hubraum (cm³)	2746, 3499, 3818, 4196, 4520, 4973
Leistung (PS/U/min)	177 bei 6000 bis 245 bei 4750
Vmax in (km/h)	205 bis 225
Bauart	Cabriolet
Produktionszahl	237.000

Mercedes-Benz 280 SLC, 350 SLC, 380 SLC, 450 SLC, 450 SLC 5.0, 500 SLC (C 107)

Als es noch nicht die von den Limousinen abgeleiteten zweitürigen SEC-Modelle gab, musste sich der Freund großer Coupés mit den auf Roadster-Basis konzipierten SLC-Typen begnügen. Optisch trotz mancher Kunstgriffe nicht ganz befriedigend ausgefallen, verbanden die SLC doch Komfort und Sportlichkeit in gekonnter Manier. Besonders selten und als Klassiker gesucht: der 450 SLC 5.0 mit bärenstarkem 5-Liter-V8 und Heckspoiler, der Mercedes-Benz auch für einige Ausflüge auf Rallyepfade diente.

Baujahr	1971-1981
Motor-Bauart	Sechszylinder (Reihe), V8
Hubraum (cm³)	2746, 3499, 3818, 3839, 4520, 5025
Leistung (PS/U/min)	177 bei 6000 bis 240 bei 5000
Vmax in (km/h)	205 bis 225
Bauart	Coupé
Produktionszahl	62.888

Mercedes-Benz 280 S, 280 SE, 280 SEL, 350 SE, 450 SE, 450 SEL (W 116)

Die Neuauflage von Deutschlands Renommierlimousine Nr. 1 trat im Jahre 1972 ins Rampenlicht. Zahlreiche Verbesserungen vor allem im Bereich Sicherheit sowie ein völlig neues Design standen im Zentrum der Entwicklungsarbeit. Bei der Motorisierung griff man auf Bewährtes zurück, das Einstiegsmodell verfügte über den 2,8-Liter-Reihensechszylinder, Topmodell der Baureihe war (neben dem 450 SEL 6,9) der 450er mit V8-Maschine. Über ihre gesamte Produktionszeit hinweg setzte die neue S-Klasse Maßstäbe, keine andere Reiselimousine konnte sich mit diesen Fahrzeugen messen.

Baujahr	1972-1980
Motor-Bauart	Sechszylinder (Reihe), V8
Hubraum (cm³)	2746, 3499, 4520
Leistung (PS/U/min)	156 bei 5000 bis 225 bei 5000
Vmax in (km/h)	190 bis 210
Bauart	Limousine (4-türig)
Produktionszahl	437.021

Mercedes-Benz 450 SEL 6.9 (W 116)

Als verfeinerte Reminiszenz an den legendären 300 SEL 6,3 der Vorgängerbaureihe brachte Mercedes-Benz im Jahre 1975 den W 116 mit einem auf satte 6,9 Liter vergrößerten V8 auf den Markt. Bei dieser Leistungsaufrüstung auf 286 PS blieb es allerdings nicht. Während im alten 6,3 eine komplizierte Luftfederung für Komfort und Fahrsicherheit sorgte, ließen sich die Stuttgarter beim neuen Topmodell nicht lumpen und installierten eine Hydropneumatik – ähnlich der von Citroën verwendeten.

Baujahr	1975-1980
Motor-Bauart	V8
Hubraum (cm³)	6834
Leistung (PS/U/min)	286 bei 4250
Vmax in (km/h)	225
Bauart	Limousine (4-türig)
Produktionszahl	7380

Mercedes-Benz 200, 230, 230 E, 250, 280, 280 E (W 123)

Baujahr	1976-1985
Motor-Bauart	Vierzylinder (Reihe), Sechszylinder (Reihe)
Hubraum (cm³)	1988, 1997, 2307, 2299, 2525, 2746
Leistung (PS/U/min)	94 bei 4800 bis 185 bei 5800
Vmax in (km/h)	160 bis 200
Bauart	Limousine (4-türig)
Produktionszahl	ca. 2,6 Mio.

Die ab Januar 1976 erhältliche Benziner-Palette der W 123-Baureihe umfasste die Typen 200, 230, 250, 280 und 280 E. Nicht mehr taufrisch wirkten speziell die Vierzylinder-Triebwerke, die 1980/81 von einer neuen Motorengeneration, die stärker und sparsamer war, abgelöst. Für viele sind die W 123-Modelle aus heutiger Sicht die letzten Mercedes-Benz Modelle, die noch deutlich fühlbar den Nimbus der Marke in sich trugen – wer in einen solchen Wagen einstieg, erkannte spätestens am unverwechselbaren Qualitätseindruck, dass es sich nur um einen Mercedes handeln konnte.

Mercedes-Benz 200 D, 220 D, 240 D, 300 D (W 123)

Baujahr	1976-1985
Motor-Bauart	Vierzylinder (Reihe), Fünfzylinder (Reihe)
Hubraum (cm³)	1988, 2197, 2404, 2971
Leistung (PS/U/min)	55 bei 4200 bis 80 bei 4000
Vmax in (km/h)	125 bis 149
Bauart	Limousine (4-türig)
Produktionszahl	945.206

Verglichen mit dem heutigen Niveau im Dieselmotorenbau befand man sich vor rund 30 Jahren noch im Mittelalter. Die technischen Fortschritte waren seinerzeit noch überschaubar und so zeigten sich die Dieselversionen der W 123-Baureihe kaum weniger träge als die der Strich-8-Modelle. Bei Leistungswerten von 55 bis 88 PS stand unbedingte Langlebigkeit an oberster Stelle der Prioritätenliste. Ansonsten erfreuten die W 123-Modelle ihre Besitzer mit Mercedes-üblicher Solidität in Konstruktion und Ausführung. Bis heute haben sie sich eine große Liebhaberschar erhalten.

Mercedes-Benz 230 C, 230 CE, 280 C, 280 CE (C 123)

Baujahr	1977-1985
Motor-Bauart	Vierzylinder (Reihe), Sechszylinder (Reihe)
Hubraum (cm³)	2299, 2307, 2746
Leistung (PS/U/min)	109 bei 4800 bis 185 bei 5800
Vmax in (km/h)	170 bis 200
Bauart	Coupé
Produktionszahl	84.375 (ohne Diesel)

Deutlich hübscher als die Vorgängermodelle der Strich-8-Serie gerieten die Coupés der W 123-Baureihe. Mit niedrigerer Dachlinie, feinerer Ausstattung mit Wurzelholzarmaturenbrett und voll versenkbaren Seitenscheiben sprach es erheblich mehr Käufer an und wurde zu einem echten Markterfolg. Lieferbar waren die Coupés nur mit dem modernen 2,3-Liter-Vierzylinder oder dem 2,8 Liter großen Sechszylinder. Beide Triebwerke gab es jeweils mit oder ohne Benzineinspritzung. Bis heute vermögen gut gepflegte Exemplare zahlreiche Betrachter in ihren Bann zu ziehen.

Mercedes-Benz 200 T, 230 T, 230 TE, 240 TD, 250 T, 280 TE, 300 TD, 300 TD Turbo (S 123)

Erstmals besetzte Mercedes-Benz mit den T-Modellen der W 123-Baureihe werksseitig das Marktsegment der Kombinationskraftwagen. Gerade rechtzeitig hatte man erkannt, dass der Kombi in einer Umbruchphase war – das vor allem praktische Transportmittel für Gewerbetreibende wandelte sich langsam zum schicken Lifestyle-Mobil für gut situierte Familien. Dem trugen die Stuttgarter mit einer eher komfortorientierten Ausrichtung des T-Modells Rechnung. Stars der Modellpalette waren der 280 TE mit dem bekannten 185-PS-Sechszylinder und der 300 TD Turbo. Der ließ mit seinem 125 PS starken Turbodiesel erstmals erahnen, wie die Diesel-Zukunft aussehen könnte.

Baujahr	1978-1985
Motor-Bauart	Vierzylinder (Reihe), Fünfzylinder (Reihe), Sechszylinder (Reihe)
Hubraum (cm³)	1988, 1997, 2307, 2299, 2525, 2746
Leistung (PS/U/min)	94 bei 4800 bis 185 bei 5800
Vmax in (km/h)	160 bis 200
Bauart	Kombi (5-türig)
Produktionszahl	1.100.593

Mercedes-Benz 230 G, 230 GE, 280 GE, 240 GD, 250 GD, 300 GD (Baureihe 460, „G-Modell")

Baujahr	1979-1989
Motor-Bauart	Vierzylinder (Reihe), Fünfzylinder (Reihe), Sechszylinder (Reihe)
Hubraum (cm³)	2299, 2307, 2404, 2497, 2746
Leistung (PS/U/min)	72 bei 4000 bis 156 bei 5250
Vmax in (km/h)	115 bis 150
Bauart	Kombi (3-/5-türig), Cabriolet
Produktionszahl	ca. 61.000

Dem G-Modell gelang eine bemerkenswerte Karriere. Startete er 1979 noch als echter hartgesottener Offroader mit extremer Geländegängigkeit und bescheidenem Komfort, entwickelte er sich im Lauf der Jahre zum Kultmobil der Reichen und Schönen – freilich ohne etwas von seinen Talenten einzubüßen. Für die Alltagsnutzung gab es eine bemerkenswerte Modellvielfalt: Verschiedene Radstände und Aufbauten waren mit zahlreichen Diesel- oder Benzin-Triebwerken aus dem Pkw-Programm von Mercedes-Benz kombinierbar. Bis heute macht dem G-Modell im Gelände kein Konkurrent etwas vor.

Mercedes-Benz 260 SE, 280 S/SE/SEL, 300SE/SEL, 380 SE/SEL, 420 SE/SEL, 500 SE/SEL, 560 SE/SEL (W 126)

Baujahr	1980-1991
Motor-Bauart	Sechszylinder (Reihe), V8
Hubraum (cm³)	2746, 4973
Leistung (PS/U/min)	156 bei 5500 bis 240 bei 4750
Vmax in (km/h)	200 bis 225
Bauart	Limousine (4-türig)
Produktionszahl	ca. 350.000

Nachdem die Vorgängerbaureihe W 116 den Begriff S-Klasse eindrucksvoll – und bis heute gültig – definiert hatte, war es die Aufgabe der W 126-Modelle, die damit erlangte weltweite Führungsposition im Marktsegment der Oberklasse-Limousinen zu festigen und möglichst auszubauen. Eine gezielte technische Weiterentwicklung und die im Vergleich zur 116er Serie deutlich attraktivere Formgebung sorgten dafür, dass dies mühelos gelang. Auch nach heutigen Maßstäben sind die 126er S-Klasse Mercedes exzellente Automobile mit einem nach wie vor unübertroffenen Qualitätsniveau.

S DM 6198
S DM 1492

S-DM 6197

Mercedes-Benz 380 SEC, 420 SEC, 500 SEC, 560 SEC (C 126)

Baujahr	1981-1991
Motor-Bauart	V8
Hubraum (cm³)	3818, 3839, 4196, 4973, 5547
Leistung (PS/U/min)	218 bei 5500 bis 300 bei 5200
Vmax in (km/h)	210 bis 245
Bauart	Coupé
Produktionszahl	71.204

Bereits ein Jahr nach Einführung der neuen S-Klasse reichte Mercedes-Benz als Premiere eine Coupé-Baureihe auf Basis der Top-Limousine nach. Nur mit den Achtzylinder-Triebwerken lieferbar vereinigte sich in ihr die Solidität und Kultiviertheit der Viertürer mit der eleganten Linienführung eines viersitzigen Coupés, das zu allem Überfluss in alter Mercedes-Manier auch voll versenkbare Seitenscheiben aufwies. Gut 70.000 Exemplare dieses bis heute in jeder Beziehung begeisternden Fahrzeugs ließen sich absetzen – kein Nachfolgemodell erreichte diese Zahl auch nur annähernd.

Mercedes-Benz 190 E

Baujahr	1982-1993
Motor-Bauart	Vierzylinder (Reihe)
Hubraum (cm³)	1997
Leistung (PS/U/min)	118 bei 5100 bis 122 bei 5100
Vmax in (km/h)	190 bis 195
Bauart	Limousine (4-türig)
Produktionszahl	638.180

In den frühen achtziger Jahren hatten die Stuttgarter ein gutes Händchen für die richtige Modellpolitik. Die Entscheidung, 1982 eine komplett neu konzipierte Einsteiger-Baureihe zu präsentieren erwies sich als goldrichtig – nicht zuletzt weil der 190er genau das richtige Fahrzeug war, um Erfolg zu haben. Er transportierte mit seinen technischen Qualitäten das, was das interessierte Publikum zu Recht von einem Mercedes-Benz erwartete, in völlig neue Käuferschichten und war gegenüber den Konkurrenzmodellen der bürgerlichen Mittelklasse ideal positioniert. Der 122 PS starke 190 E mit Benzineinspritzung war in der fast 12-jährigen Bauzeit der Modellreihe das meist verkaufte Modell.

Mercedes-Benz 190 E 2.3-16

Baujahr	1983-1988
Motor-Bauart	Vierzylinder (Reihe)
Hubraum (cm³)	2299
Leistung (PS/U/min)	170 bei 5800 bis 185 bis 6200
Vmax in (km/h)	220 bis 230
Bauart	Limousine (4-türig)
Produktionszahl	19.487

Mit der 190er Baureihe hatte Mercedes-Benz im Zeichen des in den frühen achtziger Jahren wieder erwachenden Sportsgeistes der Marke eine ideale technische Basis. Der auf 2,3 Liter vergrößerte Vierzylinder des neuen Sportmodells bekam neben anderen Verbesserungen einen leistungsfördernden Vierventil-Zylinderkopf; einige Kunststoffanbauteile inklusive auffälligem Heckspoiler sowie eine sportive Innenausstattung rundeten das ungewöhnlich attraktive Paket ab. Der 2.3-16 mit seinen 185 PS gab der Marke – nicht zuletzt durch seine späteren Auftritte im Rahmen der boomenden Deutschen Tourenwagen-Meisterschaft (DTM) – einen enormen Imageschub, von der sie bis heute profitiert.

Mercedes-Benz 230 CE, 300 CE, 300 CE-24, E 200, E 220, E 320 Coupé (C 124)

Baujahr	1987-1996
Motor-Bauart	Vierzylinder (Reihe), Sechszylinder (Reihe)
Hubraum (cm³)	2199, 2962, 3199
Leistung (PS/U/min)	136 bei 5100 bis 220 bei 5500
Vmax in (km/h)	203 bis 235
Bauart	Coupé
Produktionszahl	k.A.

Einer Tradition folgend, die 1968 mit den Coupés der Baureihe „/8" bzw. C 114 begonnen hatte, brachte Mercedes-Benz 1987 auch eine Coupé-Variante der seinerzeit aktuellen Mittelklasse-Baureihe W 124 auf den Markt. Die ausgesprochen harmonisch gestalteten, vier Insassen Platz bietenden Zweitürer waren zunächst nur mit dem 2,3-Liter-Vierzylinder-Einspritzmotor und dem Dreiliter-Reihensechszylinder lieferbar. Mit dem Facelift im Jahr 1993 kam eine neue Motorengeneration mit Hubräumen von 2 und 2,2 Litern als Vierzylinder bzw. 3,2 Litern als Sechszylinder zum Einsatz. Die Typenbezeichnung hatte sich im gleichen Zug geändert: Man sprach nun vom E-Klasse Coupé.

Mercedes-Benz 300 SL, 300 SL-24, 500 SL, AMG 500 SL 6.0, 600 SL; SL 280, SL 320, SL 500, SL 60 AMG, SL 600, SL 73 AMG (R 129)

Nach dem Dauerläufer-SL R 107, der fast 20 Jahre das Bild des Mercedes-Roadsters prägte, wurde das 1989 vorgestellte Nachfolgemodell vom Typ R 129 unangefochten wieder zum Bannerträger sämtlicher offener Sportwagen. Optisch und technisch markierte er einen Quantensprung zum Vorgänger und war zu Produktionsbeginn so begehrt, dass sogar – sehr zum Missfallen von Daimler-Benz – offen mit Kaufverträgen spekuliert wurde. Natürlich legte sich diese Hysterie bald wieder, aber der SL blieb mit seiner Motorenpalette vom Sechs- bis zum Zwölfzylinder weiterhin das Referenzfahrzeug in diesem kleinen, aber zu Beginn der 90er Jahre stetig wachsenden Marktsegment.

Baujahr	1989-2001
Motor-Bauart	Sechszylinder (Reihe), V8, V12
Hubraum (cm³)	2799 bis 7291
Leistung (PS/U/min)	193 bei 5500 bis 525 bei 5500
Vmax in (km/h)	230 bis 307
Bauart	Roadster
Produktionszahlr	rund 196.500

Mercedes-Benz 500 E (W 124)

Baujahr	1991-1993
Motor-Bauart	V8
Hubraum (cm^3)	4973
Leistung (PS/U/min)	326 bei 5700, 320 bei 5600
Vmax in (km/h)	250
Bauart	Limousine (4-türig)
Produktionszahlr	10.479 (inkl. E 60 AMG)

Seit ungefähr Mitte der achtziger Jahre war auch für Mercedes-Benz der Typus des sportlichen Hochleistungsautomobils nicht mehr tabu, zumal die Konkurrenz aus München und Ingolstadt ebenfalls in dieser kleinen aber feinen Marktnische unterwegs war. So beschloss man in Untertürkheim, die gutbürgerliche gehobene Mittelklasse der Baureihe W 124 mit einem extrem leistungsfähigen Spitzenmodell für eine ausgesuchte Kundschaft zu krönen. Der 500 E war mit dem zunächst 326, später 320 PS starken Fünfliter-V8 aus der S-Klasse bzw. den SL-Modellen ausgerüstet. Außer leicht ausgestellten vorderen Kotflügeln war der 500 E nicht von seinen Brüdern zu unterscheiden. Immerhin rund 10.500 Fahrzeuge des bei Porsche gefertigten Understatement-Renners ließen sich in rund drei Jahren absetzen.

Mercedes-Benz 300 SD, 300 SE 2.8, 300 SEL, 400 SE/SEL, 500 SE/SEL, 600 SE/SEL; S 350 Turbodiesel, S 320 lang, S 280, S 420/lang, S 500/lang, S 600/lang (W 140)

Dieses Auto sollte neue Maßstäbe setzen – und tat dies in gewisser Weise auch. 1991 als Nachfolger der vielgeliebten S-Klasse der Baureihe W 126 auf den Markt gebracht bot einfach alles, was sich Ingenieure seinerzeit nur ausdenken konnten. Raum im Überfluss, Sicherheitstechnik der Spitzenklasse, leistungsfähige Motoren vom Sechs- bis zum Zwölfzylinder – aber auch Nichtigkeiten wie elektrisch ausfahrbare Peilstäbe an den hinteren Kotflügeln für einfacheres Einparken. Erkauft wurde dies mit hohem Fahrzeuggewicht und einer klotzigen Optik, die auch manche S-Klasse-Stammkunden mit Kopfschütteln quittierten. Nur knapp acht Jahre hielt sich der W 140 in der Modellpalette – wenig für S-Klasse-Verhältnisse.

Baujahr	1991-1998
Motor-Bauart	Sechszylinder (Reihe), V8, V12
Hubraum (cm^3)	2799 bis 5987
Leistung (PS/U/min)	150 bei 4000 bis 394 bei 5200
Vmax in (km/h)	185 bis 250
Bauart	Limousine (4-türig)
Produktionszahlr	406.532

Mercedes-Benz 500 SEC, 600 SEC; S 420 Coupé, S 500 Coupé, S 600 Coupé; CL 420, CL 500, CL 600 (C 140)

Wie schon der ein wenig aus den Fugen geratenen S-Klasse Limousine der Baureihe W 140 gelang es auch dem 1992 präsentierten, darauf basierenden Top-Coupé nicht, die Herzen der Mercedes-Freunde im Sturm zu erobern. Zwar gefiel die sportlich angehauchte Linienführung deutlich besser, aber auch das Coupé war vielen zu üppig um die Hüften und in seiner Ausstrahlung zu dominant. Natürlich standen die technischen Qualitäten des Coupés und seine Fähigkeiten völlig außer Frage, aber Mercedes-Benz erhielt von der potenziellen Kundschaft eine deutliche Quittung. Das nur mit V8- und V12-Motorisierung angebotene teuerste Fahrzeug der Modellpalette verkaufte sich insgesamt weniger als halb so oft wie sein heiß geliebter Vorgänger.

Baujahr	1992-1998
Motor-Bauart	V8, V12
Hubraum (cm³)	4196 bis 5987
Leistung (PS/U/min)	279 bei 5700 bis 394 bei 5200
Vmax in (km/h)	250
Bauart	Coupé
Produktionszahlr	25.800

Mercedes-Benz C-Klasse (W 202)

Nachdem der Mercedes-Benz 190 im Jahr 1982 ein neues Marktsegment für den Stuttgarter Nobelhersteller höchst erfolgreich geöffnet hatte, folgte 1993 die neue kleine Mercedes-Klasse, nach veränderter Nomenklatur nun C-Klasse genannt. Ein adrettes, braves Auto, mit einer breiten Auswahl an Benzin- und Dieseltriebwerken lieferbar, das sich in seinem Konkurrenzumfeld der Mittelklasse sehr gut behauptete. Obwohl betont sportlich aufgemachte und motorisierte Versionen à la 190 E 2,3 16 nicht mehr im Programm waren, stellte die erste C-Klasse ihre motorsportliche Tauglichkeit in der Deutschen Tourenwagen-Meisterschaft (DTM) eindrucksvoll unter Beweis.

Baujahr	1993-2000
Motor-Bauart	Vierzylinder (Reihe), Fünfzylinder (Reihe), Sechszylinder (Reihe), V6
Hubraum (cm³)	1799 bis 2799
Leistung (PS/U/min)	75 bei 5500 bis 197 bei 5800
Vmax in (km/h)	160 bis 205
Bauart	Limousine (4-türig), Kombi
Produktionszahl	1.103.766

Mercedes-Benz SLK (R 170)

Baujahr	1996-2004
Motor-Bauart	Vierzylinder (Reihe), V6
Hubraum (cm³)	1998 bis 3199
Leistung (PS/U/min)	136 bei 5500 bis 218 bei 5700
Vmax in (km/h)	205 bis 230
Bauart	Cabrio
Produktionszahl	k.A.

1996 begeisterte Mercedes-Benz die Automobilwelt mit einem ganz neuen Sportwagenkonzept. Das seinerzeit boomende Segment der Mittelklasse-Cabriolets wurde durch eine ganz neue Spielart des offenen Autos durcheinander gewirbelt. Der neue SLK besaß als Top-Innovation ein elektrisch versenkbares Blech-Hardtop. Er kombinierte damit die Vorteile von Cabrio und Coupé – allerdings auf Kosten des auf ein Minimum reduzierten Kofferraumvolumens bei herunter geklapptem Dach. Dennoch wurde der zunächst ausschließlich mit Vierzylinder-Triebwerken lieferbare SLK ein Riesenerfolg. Mittlerweile hat eine Vielzahl von Herstellern ein Fahrzeug mit elektrischem Blech-Klappdach im Programm – dem SLK sei Dank!

Mercedes-Benz A-Klasse (W 168)

Baujahr	1997-2004
Motor-Bauart	Vierzylinder (Reihe)
Hubraum (cm³)	1397 bis 2084
Leistung (PS/U/min)	82 bei 5000 bis 140 bei 5500
Vmax in (km/h)	160 bis 205
Bauart	Limousine (5-türig))
Produktionszahl	k.A.

Einem Paukenschlag gleich kam die Präsentation des ersten Mercedes-Benz für die Kompaktklasse. Mit einem radikalen technischen Konzept und erstmals Frontantrieb trat die A-Klasse 1997 an, die Welt der Golfs, Astras und sämtlicher ähnlicher Fahrzeuge auf den Kopf zu stellen. Hoher Nutzwert bei knappen Außenmaßen hieß die Parole, die auch tatsächlich eingelöst wurde. Weniger überzeugend gerieten dagegen zunächst die Fahreigenschaften – man erinnere sich an den unseligen „Elchtest", den die A-Klasse nicht bestand und umkippte. Ein riesiger Imageschaden für Mercedes-Benz. Dennoch etablierte sich die Baureihe auf dem Markt, wenn auch in geringeren Stückzahlen als ursprünglich erwartet – was wohl auch am hohen Preis lag.

Mercedes-Benz CLK-Cabrio (W 208)

Schon mit den /8-Coupés der frühen 70er Jahre startete Mercedes-Benz die gute Sitte, den jeweiligen Limousinen der gehobenen Mittelklasse viersitzige Coupés zur Seite zu stellen. Sie alle schufen sich treue Freunde. Seit der Baureihe W 124 ergänzten dann komfortable viersitzige Cabriolets auf Coupé-Basis das Angebot. Mit der Einführung der auf der C-Klasse basierenden CLK-Coupé-Baureihe im Jahr 1997 wurde diese Tradition fortgesetzt. Ein Jahr später erschien das CLK Cabrio. Es war kompakter als sein Vorgänger und bot den hinten Sitzenden deutlich weniger Raum. Eine breite Auswahl an Vier-, Sechs- und einem Achtzylindermotor sowie die überzeugende Verdeckkonstruktion sorgten dennoch für gute Verkaufserfolge.

Baujahr	1998-2002
Motor-Bauart	Vierzylinder (Reihe), V6, V8
Hubraum (cm³)	1998 bis 4266
Leistung (PS/U/min)	136 bei 5500 bis 279 bei 5500
Vmax in (km/h)	205 bis 240
Bauart	Cabrio
Produktionszahl	k.A.

Mercedes-Benz S-Klasse (W 220)

Nach den sehr gemischten Erfahrungen mit der W 140 Baureihe beschritt Mercedes-Benz mit der 1998 präsentierten nächsten S-Klasse-Generation vom Typ W 220 neue Wege. In einer Art Gegenreaktion auf die allzu massige Vorgängerbaureihe zeigte sich das neue Modell sportlich-schlank. Vom „Panzer" W 140 war keine Rede mehr, vielmehr positionierte sich der W 220 eher in der Nähe des 7er BMW. An den technischen Qualitäten auch dieser S-Klasse gab es ohnehin nichts zu mäkeln. So war die Publikumsreaktion äußerst positiv und katapultierte den Wagen wieder an die gewohnte Spitzenposition seines Segments.

Baujahr	2002-2005
Motor-Bauart	Sechszylinder (Reihe), V6, V8, V12
Hubraum (cm³)	2799 bis 5786
Leistung (PS/U/min)	197 bei 4200 bis 500 bei 5500
Vmax in (km/h)	220 bis 250
Bauart	Limousine (4-türig)
Produktionszahl	k.A.

Mercedes-Benz SLR McLaren (C 199)

Zu Beginn des neuen Jahrtausends identifizierten die Verkaufsstrategen besonders prestigebewusster Automobilhersteller offenbar eine unbedingt zu besetzende Nische am obersten Ende des Marktes – da, wo Autos jenseits profaner Ferrari und Lamborghini richtig teuer sind. Natürlich durfte hier auch Mercedes-Benz nicht fehlen und so brachte man 2004 den SLR auf den Markt, der bei McLaren in England hergestellt wurde. Für runde 450.000 Euro bekam der Kunde ein Sportwagenmonster mit 625 PS, die ein Kompressor geladener 5,4-Liter-V8 bereit stellte. Die Spezifikation des Wagens war selbstredend vom Allerfeinsten, aber dennoch – es gelang ihm nicht, die Phantasie der Automobilbegeisterten auch nur annähernd so zu beflügeln wie der 300 SL 50 Jahre zuvor.

Baujahr	2004-2009
Motor-Bauart	V8
Hubraum (cm³)	5439
Leistung (PS/U/min)	650 bei 6000
Vmax in (km/h)	330
Bauart	Coupé, Cabrio
Produktionszahl	k.A.

Mercedes-Benz CLS (C 219)

Baujahr	seit 2004
Motor-Bauart	V6, V8
Hubraum (cm³)	2987 bis 5461
Leistung (PS/U/min)	224 bei 3800 bis 388 bei 6000
Vmax in (km/h)	230 bis 250
Bauart	Limousine (4-türig)
Produktionszahl	k.A.

Auf der Suche nach selbst der kleinsten Marktlücke wurde Mercedes-Benz bei der extrem seltenen Spezies der viertürigen Coupés fündig. Mit einer geduckten und aggressiven Optik, gebogener Gürtellinie und durch den flachen Dachaufbau kleinen Fensterflächen betrat 2004 der CLS die Automobilbühne. Ungewohnt modische Akzente der Linienführung sorgten für Aufsehen und polarisierten zugleich das Publikum: Entweder man liebt den CLS oder man findet dessen Optik für einen Mercedes zu aufdringlich. Praxisbezogene Aspekte wie Raumangebot und Bequemlichkeit spielten beim Konzept des CLS, der übrigens auf der Chassisplattform der E-Klasse basiert, nur eine untergeordnete Rolle.

Mercedes-Benz B-Klasse (T 245)

Baujahr	seit 2005
Motor-Bauart	Vierzylinder (Reihe)
Hubraum (cm³)	1498 bis 2034
Leistung (PS/U/min)	95 bei 5400 bis 193 bei 5800
Vmax in (km/h)	190 bis 220
Bauart	Limousine (5-türig)
Produktionszahl	k.A.

Mit der 2005 auf den Markt gebrachten B-Klasse bekannte sich Mercedes-Benz zum technischen Konzept der A-Klasse und duplizierte es nun eine, oder besser gesagt: eine halbe Fahrzeugklasse höher. Vor allem bot die B-Klasse mehr Platz, aber auch mehr Eleganz und Prestige. Das Motorenangebot reicht bei den Dieselaggregaten vom 1,5- bis zum 2-Liter mit strammen 193 PS, als Diesel wird ein 2-Liter-Triebwerk in zwei Versionen mit 109 bzw. 140 PS eingesetzt. Der Markterfolg der B-Klasse ist – abermals wegen der im Konkurrenzumfeld hohen Preise – begrenzt, und auch zur angestrebten Verjüngung der Mercedes-Kundenklientel kann er nicht substanziell beitragen.

Mercedes-Benz R-Klasse (W 251)

Manche Modellentscheidungen der Produktplaner und Marketingstrategen von Mercedes-Benz waren in den vergangenen Jahren nicht recht nachvollziehbar – so auch die zur Einführung der R-Klasse, eines gewaltigen Multifunktions-Automobils der Oberklasse. Die dürftigen Verkaufserfolge zeigten, dass diese fünftürige Großraum-Limousine die Antwort auf eine Frage darstellt, die (fast) niemand gestellt hat. Motorisierung und Ausstattungslevel liegen auf S-Klasse-Niveau, Raumangebot und Image der R-Klasse bewegen sich dagegen mehr in Richtung Familien-Van. Für den Großteil der S-Klasse-Fahrer ist die R-Klasse trotz – oder vielleicht gerade wegen – ihrer vielfältigen Talente keine wirkliche Alternative.

Baujahr	seit 2005
Motor-Bauart	V6, V8
Hubraum (cm³)	2987 bis 5461
Leistung (PS/U/min)	190 bei 5400 bis 388 bei 5500
Vmax in (km/h)	220 bis 250
Bauart	Limousine (5-türig)
Produktionszahl	k.A.

Mercedes-Benz SL (R 230)

Baujahr	seit 2006
Motor-Bauart	V6, V8, V12
Hubraum (cm³)	2996 bis 5980
Leistung (PS/U/min)	231 bei 6000 bis 517 bei 5000
Vmax in (km/h)	230 bis 250
Bauart	Cabrio
Produktionszahl	k.A.

Dem aktuellen Trend folgend präsentierte Mercedes-Benz 2006 den Nachfolger des so beliebten SL der Serie R 129 mit einem faltbaren Hardtop. Mercedes-Benz selbst hatte diese innovative Technologie seinerzeit beim SLK weltweit mit großem Erfolg eingeführt. Auch in seiner sonstigen Gestaltung wirkte der neue SL deutlich modischer und stärker auf Effekte bedacht als das in der Mercedes-Tradition bislang üblich war. In technischer Hinsicht war er – wie gewohnt – die klare Nummer 1. Kräftige Motoren, vom Sechszylinder-Basismodell bis hin zum V12 mit 500 oder in AMG-Version gar mit 612 PS, ein ausgezeichnetes Fahrwerk und modernste Sicherheitsfeatures zeichnen ihn aus.

Messerschmitt KR 175

Baujahr	1953-1955
Motor-Bauart	Einzylinder-Zweitaktmotor
Hubraum (cm³)	174
Leistung (PS/U/min)	11 bei 5250
Vmax in (km/h)	80
Bauart	Kleinwagen
Produktionszahlr	ca. 10.000

Fritz Fends originelles Fahrzeugkonzept war eines der wenigen, das aus der berüchtigten Gattung deutscher Nachkriegs-Mikromobile einigen Ruhm erlangen konnte. Um einen zweiten Sitzplatz hinter dem Fahrer (oder sollte man sagen: Piloten) erweitert, bot es manierliche Fahrleistungen und mit seinen drei Rädern zumindest unterhaltsame Fahreigenschaften. Dass es dazu noch bei Messerschmitt gebaut wurde, ließ manches der Luftfahrt entlehnte Detail erklärlich werden, etwa das merkwürdig geformte Lenkrad.

Messerschmitt KR 200, FMR KR 200, KR 201

1955 präsentierte man mit dem KR 200 einen kräftig überarbeiteten Nachfolger des KR 175. Runde 200 cm³ Hubraum, 10 PS und eine Reihe weiterer Modifikationen machten aus dem Kabinenroller einen echten Markterfolg. Nach wie vor vermittelte das transparente Plexiglasdach ein ungewöhnliches Raum- und Fahrgefühl. Wem als ehemaligem Motorradfahrer nach noch mehr Licht und Luft war, konnte auch ein Cabriolet sowie den KR 201 mit Flatterverdeck im Roadster-Stil ordern.

Baujahr	1955-1964
Motor-Bauart	Einzylinder-Zweitaktmotor
Hubraum (cm³)	191
Leistung (PS/U/min)	9,7 bei 5000 bis 10,2 bei 5250
Vmax in (km/h)	90
Bauart	Kleinwagen
Produktionszahlr	ca. 46.000

FMR Tg 500

Baujahr	1958-1961
Motor-Bauart	Zweizylinder-Zweitaktmotor
Hubraum (cm³)	493
Leistung (PS/U/min)	19,5 bei 5000
Vmax in (km/h)	125
Bauart	Kleinwagen
Produktionszahlr	ca. 950

Der Tg 500 entpuppte sich als eines der wenigen echten Spaßmobile aus deutscher Nachkriegsproduktion – wenn es auch nicht als ein solches gedacht war. Bei unveränderter Konzeption, allerdings mit hinterer Breitspur, sorgte ein knapp 20 PS starker 500er-Zweitakt-Twin für rasante Fahrleistungen. Die Aussicht, mit dem kleinen und leichten Tg 500 behäbige Mittelklasse-Limousinen auf der Autobahn ärgern zu können, war aber dem Publikum offensichtlich nicht attraktiv genug. Nur 950 Exemplare wurden hergestellt.

NSU Prinz I, II, III

Baujahr	1958-1962
Motor-Bauart	Zweizylinder (Reihe)
Hubraum (cm³)	583
Leistung (PS/U/min)	20 bei 4600 bis 30 bei 5500
Vmax in (km/h)	105 bis 118
Bauart	Limousine (2-türig)
Produktionszahl	94.549

Der schnuckelige „Prinz", 1958 auf den Markt gebracht, unterschied sich von so manch anderen Kleinwagenangeboten durch seine durchdachte, professionelle Machart. Extrem kompakte Außenmaße, ein robuster, leistungsfähiger Zweizylinder-Viertakter im Heck, ein ordentliches Raumangebot sowie hochwertige Fahrwerkstechnik machten ihn zu einem Großen unter den Kleinen. Fast 95.000 produzierte Exemplare in nur knapp fünf Baujahren zeigten, dass viele Kleinwagenkäufer ähnlich dachten.

NSU Sport-Prinz

Baujahr	1959-1967
Motor-Bauart	Zweizylinder (Reihe)
Hubraum (cm³)	583, 598
Leistung (PS/U/min)	30 bei 5500, 30 bei 5600
Vmax in (km/h)	120
Bauart	Coupé
Produktionszahl	20.831

Die sportlichen Spitzenmodelle der NSU-Heckmotor-Baureihe sorgten für eine Menge Prestige. Leistungswillige luftgekühlte Vierzylinder brachten Pfeffer ins Heck und verursachten gelegentlich feuchte Fahrerhände, wenn das Hinterteil der sportlichen Kleinlimousinen in schnellen Kurven allzu lebendig wurde. Besonders die hochdrehende TTS-Version, quasi ein Spezialmodell für den Motorsporteinsatz, schüchterte auf öffentlichen Straßen wie im Rennsport zahlreiche größere Konkurrenten ein.

HN-JE 811
HN-JE 924
HN-JL 163

HN-ES 191
IN-AA 9

NSU Prinz 1000 TT, 1000 TTS, 1200 TT

Baujahr	1965-1972
Motor-Bauart	Vierzylinder (Reihe)
Hubraum (cm³)	1085, 1177
Leistung (PS/U/min)	55 bei 5800 bis 70 bei 6150
Vmax in (km/h)	148 bis 160
Bauart	Limousine (2-türig)
Produktionszahl	64.269 (TT), 2402 (TTS)

Die sportlichen Spitzenmodelle der NSU-Heckmotor-Baureihe sorgten für eine Menge Prestige. Leistungswillige luftgekühlte Vierzylinder brachten Pfeffer ins Heck und verursachten gelegentlich feuchte Fahrerhände, wenn das Hinterteil der sportlichen Kleinlimousinen in schnellen Kurven allzu lebendig wurde. Besonders die hochdrehende TTS-Version, quasi ein Spezialmodell für den Motorsporteinsatz, schüchterte auf öffentlichen Straßen wie im Rennsport zahlreiche größere Konkurrenten ein.

NSU Wankel-Spider

Baujahr	1964-1967
Motor-Bauart	1-Scheiben/Wankel
Hubraum (cm³)	500
Leistung (PS/U/min)	50 bei 6000
Vmax in (km/h)	152
Bauart	Cabriolet
Produktionszahl	2375

Der Clou dieses Wagens war nicht die Sport-Prinz-Karosserie in zweisitziger Cabriolet-Form, sondern seine Motorisierung. Im Heck des Spider fand nämlich die Serienpremiere des Wankelmotors statt. Für Aufsehen war also gesorgt - leider schlug es sich nicht in einer Welle unterzeichneter Kaufverträge nieder. An den Fahrleistungen kann es nicht gelegen haben, der 50-PS-Motor beschleunigte den kleinen Spider auf Tempo 150. Dass nur 2375 Wankel-Spider die Werkshallen verließen, zeigt, dass der neuen Antriebstechnologie noch große Vorbehalte entgegenschlugen.

NSU 110, 110 S, 110 SC, 1200, 1200 C

Baujahr	1965-1973
Motor-Bauart	Vierzylinder (Reihe)
Hubraum (cm³)	1085, 1177
Leistung (PS/U/min)	53 bei 5600 bis 60 bei 5600
Vmax in (km/h)	140 bis 150
Bauart	Limousine (2-türig)
Produktionszahl	227.938

Weniger kompakt, dafür aber modisch gewandet, zeigte sich der Prinz IV. Technisch eng verwandt mit seinem Vorgänger, wirkte er aber wesentlich erwachsener und leitete die typische, gürtellinienbetonte NSU-Limousinen-Karosserieform ein – freilich mit deutlichem Seitenblick auf die Chevrolet Corvair. Der schicke Prinz IV wurde zu einem überragenden Verkaufserfolg, nicht nur auf dem heimischen Markt, sondern auch im Export, vor allem in Italien.

NSU Ro 80

Baujahr	1967-1977
Motor-Bauart	2-Scheiben/Wankel
Hubraum (cm³)	497,5 Kam Vol
Leistung (PS/U/min)	115 bei 5500
Vmax in (km/h)	176 bis 181
Bauart	Limousine (4-türig)
Produktionszahl	37.398

Ein zukunftsträchtiges Konzept, das scheiterte, weil es eine Nummer zu ehrgeizig war: der legendäre Ro 80. NSUs Einstieg in die obere Mittelklasse sollte mit einem gewagten Schritt erfolgen. Zwar gerieten Karosseriedesign und Fahrwerkstechnik selbst nach heutigen Maßstäben richtungweisend, doch zeigte der Wankelmotor, dass er noch einiger Reifung bedurfte. Dies alles überstieg letztendlich die Ressourcen der Neckarsulmer, verlieh dem Ro 80 aber einen geradezu mythischen Ruf, der auch heute noch anhält.

Baujahr	1924-1926
Motor-Bauart	Vierzylinder (Reihe)
Hubraum (cm³)	951
Leistung (PS/U/min)	12 bis 14 bei 2400
Vmax in (km/h)	60
Bauart	Cabriolet
Produktionszahl	k.A.

Opel 4/12 PS („Laubfrosch")

Das erste echte Erfolgsmodell von Opel, im Jahr 1924 auf dem Markt erschienen, war nicht wirklich ein Opel, sondern ein Plagiat des Citroen 5CV. Der folgende Rechtsstreit endete, wie man es in jenen unseligen Zeiten – nur wenige Jahre nach dem Versailler Vertrag – erwarten durfte: Das zuständige deutsche Gericht urteilte zugunsten von Opel und gegen den französischen Kläger. So konnte der nur in Grün lieferbare, zunächst 12, später14 PS starke Kleinwagen zu einem absoluten Bestseller werden, ohne dass Lizenzzahlungen an Citroen fällig geworden wären. Das simpel gestrickte Automobil war mit seinem niedrigen Einstandspreis ein erster echter „Volkswagen" und verkaufte sich rund 120.000 Mal.

Opel 1,2 Liter, P4

Baujahr	1931-1937
Motor-Bauart	Vierzylinder (Reihe)
Hubraum (cm³)	1073
Leistung (PS/U/min)	23 bei 3400
Vmax in (km/h)	85
Bauart	Limousine (2-türig)
Produktionszahl	65.864

Die Karriere des P4, eines der populärsten deutschen Autos der dreißiger Jahre, endete abrupt. Mit seinem 1,2 Liter großen, unverwüstlichen Vierzylinder und seinem einfachen Aufbau erfüllte er zu günstigen Preisen die Mobilitätsansprüche breiter Bevölkerungsschichten und verkaufte sich von 1931 bis 1937 über 65.000 Mal. Genau das war sein Fehler, denn die Nazi-Regierung sah es nicht gerne, dass das Produkt eines im Prinzip ausländischen Unternehmens den Platz des zukünftigen „KdF"-Wagens bereits einnahm. So wurde der eigentliche „Volkswagen" auf Grund politischen Drucks vorzeitig aus der Produktion genommen.

Opel Olympia

Ganz im Gegensatz zur sonst eher konservativen Technik der Opel-Modelle läutete der 1935 präsentierte Olympia eine wahrhafte Revolution ein. Er war das weltweit erste serienmäßig produzierte Auto, das auf einen konventionellen Fahrgestellrahmen verzichtete und mit selbsttragender Karosseriestruktur aufwartete – ein Konstruktionsprinzip, das bis heute maßgebend für Großserienfahrzeuge ist. Der als zwei- und viertürige Limousine sowie Cabriolimousine lieferbare Olympia war mit einem 1,3, ab 1937 1,5 Liter großen Vierzylinder mit 24 bzw. 37 PS Leistung ausgestattet. Kriegsbedingt endete seine Produktion bereits 1940 – die Prioritäten bei Opel wurden nun anders gesetzt.

Baujahr	1935-1940
Motor-Bauart	Vierzylinder (Reihe)
Hubraum (cm³)	1288, 1488
Leistung (PS/U/min)	24 bei 3300 bis 37 bei 3500
Vmax in (km/h)	100 bis 112
Bauart	Limousine (2-/4-türig), Cabrio-Limousine
Produktionszahl	167.974

Opel Kadett

Baujahr	1936-1940
Motor-Bauart	Vierzylinder (Reihe)
Hubraum (cm³)	1073
Leistung (PS/U/min)	23 bei 3400
Vmax in (km/h)	95
Bauart	Limousine (2-/4-türig), Cabrio-Limousine
Produktionszahl	107.608

Die Opel Modellpalette rundete bereits gut ein Jahr nach Einführung des Olympia der neue Kadett nach unten ab. Optisch dem größeren Modell wie aus dem Gesicht geschnitten und auch selbsttragend konzipiert musste er sich jedoch mit dem alten 1,1-Liter-Vierzylinder begnügen. Seinem Erfolg tat das jedoch keinen Abbruch, war es Opel doch erneut gelungen, das Einsteigermodell zu einem wiederum besonders günstigen Preis anbieten zu können. Auch seine sonstigen Qualitäten waren Opel typisch: unbedingte Robustheit und Zuverlässigkeit, einfache aber gekonnte Konstruktion, günstige Unterhaltskosten, ansehnliche Karosserieform.

Opel Kapitän

Im Jahr 1948 erkannte Opel, dass die Zeit schon wieder reif war für ein Automobil der Oberklasse. Also griff man auf den ebenso bewährten wie beliebten Vorkriegs-Kapitän zurück, der mit kaum erkennbaren optischen Retuschen wieder in die Angebotspalette aufgenommen wurde. Mit seinen 55 PS und der geräumigen Karosserie wurde er zum Symbol gut situierter Unternehmer, die zwar auf Repräsentation Wert legen, es aber noch nicht in die Mercedes-Benz-Liga geschafft hatten. In den kommenden Jahrzehnten sollte es sich erweisen, dass dieses Marktsegment erfolgreich zu bedienen für Opel immer komplizierter wurde.

Baujahr	1938-1940
Motor-Bauart	Sechszylinder (Reihe)
Hubraum (cm³)	2473
Leistung (PS/U/min)	55 bei 3600
Vmax in (km/h)	126
Bauart	Limousine (2-/4-türig), Cabriolet
Produktionszahl	25.374

Opel Olympia

Wie die meisten anderen Hersteller auch, so startete Opel bei der Wiederaufnahme der Rüsselsheimer Produktion Ende 1947 mit einem nur leicht veränderten Vorkriegsfahrzeug. Am Beginn stand mit dem Olympia das überaus erfolgreiche Mittelklasse-Modell der dreißiger Jahre. Technisch hatte sich lediglich die Vorderachskonstruktion geändert, ansonsten war beim Olympia alles beim Alten geblieben. Für die bescheidenen Ansprüche der frühen Nachkriegszeit war dies völlig ausreichend. Einen markanten Unterschied gab es allerdings doch: Hatte sich der Vorkriegs-Olympia – wie alle Opel-Modelle – noch durch eine sehr kundenfreundliche Preisgestaltung ausgezeichnet, so gehörte er bei seiner Wiedereinführung zu den eher teuren Angeboten.

Baujahr	1947-1949
Motor-Bauart	Vierzylinder (Reihe)
Hubraum (cm³)	1488
Leistung (PS/U/min)	37 bei 3500 bis 39 bei 3700
Vmax in (km/h)	105 bis 112
Bauart	Limousine (2-türig), Kombi (3-türig), Cabrio-Limousine
Produktionszahl	157.103

Opel Kapitän (Modell 1949)

Immerhin gut 30.000 Exemplare des letzten Vorkriegs-Kapitän konnten in leicht modifizierter Form zwischen 1948 und 1951 an den Mann gebracht werden - das sprach für die fortschrittliche Konstruktion dieses Edel-Opels. Bis heute legendär: sein schier unzerstörbarer 2,5-Liter-Reihensechszylinder. Mit 55 kerngesunden Pferdestärken bei 3500 Umdrehungen pro Minute reichte er in seiner Lebensdauer an die besten Mercedes-Dieselmotoren heran, ohne freilich deren ausgeprägte Trägheit an den Tag zu legen.

Baujahr	1948-1951
Motor-Bauart	Sechszylinder (Reihe)
Hubraum (cm³)	2473
Leistung (PS/U/min)	55 bei 3500
Vmax in (km/h)	125
Bauart	Limousine (4-türig)
Produktionszahl	30.431

Opel Olympia

Baujahr	1950-1953
Motor-Bauart	Vierzylinder (Reihe)
Hubraum (cm³)	1488
Leistung (PS/U/min)	37 bei 3500 bis 39 bei 3700
Vmax in (km/h)	105 bis 112
Bauart	Limousine (2-türig), Kombi (3-türig), Cabrio-Limousine
Produktionszahl	157.103

1950 stand den Deutschen der Sinn schon wieder nach auffälligen Chromkühlergrills. Jedenfalls ließ das die Gestaltung der neuen Oly-Front vermuten. Überhaupt bestimmten schwülstige, amerikanisch inspirierte Linien die facegeliftete Karosserie. Technisch blieb dagegen weitgehend alles beim Alten, zwei Mehr-PS und ein etwas vergrößerter Kofferraum waren 1951 die einzigen nennenswerten Modifikationen. Besonders attraktiv war die gegen geringen Aufpreis erhältliche Cabrio-Limousine.

Opel Kapitän (Modell 1951)

Baujahr	1951-1953
Motor-Bauart	Sechszylinder (Reihe)
Hubraum (cm³)	2473
Leistung (PS/U/min)	58 bei 3700 bis 39 bei 3700
Vmax in (km/h)	130
Bauart	Limousine (4-türig)
Produktionszahl	48.491

Trotz im Prinzip gleicher Karosserielinie präsentierte sich Opels neuer Kapitän ungleich verquollener. Ein modifiziertes Heck und eine mittels fetter Chromleisten umgestaltete Front brachten echte Ami-Schlitten-Optik. Der gute alte Sechszylinder nahm die Leistungssteigerung auf 58 PS nicht krumm und blieb so zuverlässig wie eh und je. Grund zur Freude gab es auch in Rüsselsheim: Der neue Kapitän verkaufte sich besser als sein Vorgänger.

Opel Olympia Rekord (Modell 1954)

Baujahr	1953-1954
Motor-Bauart	Vierzylinder (Reihe)
Hubraum (cm³)	1488
Leistung (PS/U/min)	40 bei 3800
Vmax in (km/h)	115 bis 120
Bauart	Limousine (2-türig), Cabrio-Limousine, Kombi (3-türig)
Produktionszahl	136.028

Sein Haifischmaul war das herausragendste Merkmal des Olympia Rekord, mit dem Opel 1953 den Vorstoß in die Mittelklasse wagte. Technisch kaum verändert, aber karosserieseitig eine Nummer größer, begründeten die Rüsselsheimer mit diesem Typ ihre wichtigste Modellreihe der nächsten Jahrzehnte. Als strapazierfähige, genügsame und dazu noch preisgünstige Limousine von hohem Nutzwert konnte sich der Olympia Rekord rasch etablieren.

Opel Kapitän (Modell 1954)

Eine völlig umgestaltete Kapitän-Generation kam 1953 auf den Markt. Kleine Fenster, eine üppig gerundete Karosserie sowie der charakteristische „Haifischmaul"-Kühlergrill zeigten die optische Verwandtschaft zur zeitgenössischen Olympia-Rekord-Baureihe. Eine drastisch ausgefallene Leistungskur machte aus dem antiken 2,5-Liter-Sechszylinder zwar immer noch keinen Sportmotor, befähigte ihn aber dazu, das solide gebaute Fahrzeug einigermaßen flott fortzubewegen.

Baujahr	1953-1955
Motor-Bauart	Sechszylinder (Reihe)
Hubraum (cm³)	2473
Leistung (PS/U/min)	68 bei 3700 bis 71 bei 3700
Vmax in (km/h)	140
Bauart	Limousine (4-türig)
Produktionszahl	61.543

Opel Olympia Rekord (Modell 1955)

Möglicherweise von der Praxis in der US-Autoindustrie angeregt, lebte die 55er-Version des Olympia Rekord nur dieses eine Jahr. Einziger stilistischer Unterschied zum Vorgänger: Der Haifischmaul-Kühlergrill zeigte sich etwas zurückhaltender gestaltet. Motorseitig gab es dank anderer Nockenwelle besseren Durchzug in unteren Drehzahlbereichen, ohne dass dabei die Spitzenleistung von 40 PS verändert wurde.

Baujahr	1954-1955
Motor-Bauart	Vierzylinder (Reihe)
Hubraum (cm³)	1488
Leistung (PS/U/min)	40 bei 3800
Vmax in (km/h)	120
Bauart	Limousine (2-türig), Cabrio-Limousine, Kombi (3-türig)
Produktionszahl	131.588

Opel Olympia Rekord (Modell 1956)

Baujahr	1955-1956
Motor-Bauart	Vierzylinder (Reihe)
Hubraum (cm³)	1488
Leistung (PS/U/min)	45 bei 3900
Vmax in (km/h)	120
Bauart	Limousine (2-türig), Cabrio-Limousine, Kombi (3-türig)
Produktionszahl	144.587

Der Jahrgang 1956 brachte eine weitere Glättung der Oly-Front. Die Haifischzähne hatten sich in Luft aufgelöst, stattdessen zeigte man nun einen herkömmlichen Kühlergrill. Begleitet von wenigen Detailretuschen an der prinzipiell unverändert gebliebenen Karosserie, gab es auch eine Kraftspritze für den altertümlichen Vierzylinder. Er schwang sich jetzt zu 45 PS bei immer noch recht beschaulichen 3900 Umdrehungen auf. Das reichte seinerzeit allemal, um im Verkehr unauffällig mitzuhalten – und nichts Anderes wollten Rekord-Käufer.

Opel Kapitän (Modell 1956)

1955 feierte ein facegelifteter Kapitän Premiere. Geradliniger und mit etwas schärfer gehaltenen Konturen versehen, sorgte er noch einmal für einen Absatzboom: Fast 93.000 Opel-Sympathisanten fanden, dass der Kapitän ein ebenso bequemes wie robustes Alltagsauto für Vielfahrer ist und unterzeichneten einen Kaufvertrag. Die Leistungscharakteristik des Sechszylinders – nunmehr 75 PS stark – ermöglichte es, mit einem Dreiganggetriebe auszukommen, dennoch bekam man auf Wunsch einen halbautomatisch zuschaltbaren Schnellgang, der besonders auf der Autobahn drehzahlsenkend wirkte.

Baujahr	1955-1958
Motor-Bauart	Sechszylinder (Reihe)
Hubraum (cm³)	2473
Leistung (PS/U/min)	75 bei 3900
Vmax in (km/h)	140
Bauart	Limousine (4-türig)
Produktionszahl	92.555

Opel Olympia Rekord (Modell 1957)

Letzter Auftritt für Opels Ur-Rekord: 1957 bekam er ein kräftiges Facelifting verpasst, das ihn optisch gestraffter erscheinen ließ. Ein neuer, vergrößerter Kühlergrill, eine nun chrombelegte seitliche Blechfalte, veränderte Kotflügelkonturen vorn und hinten sowie ein flacheres Dach waren die wichtigsten stilistischen Maßnahmen dieser Verjüngungskur. Den Fahrer erfreute das jetzt vollsynchronisierte Getriebe.

Baujahr	1956-1957
Motor-Bauart	Vierzylinder (Reihe)
Hubraum (cm³)	1488
Leistung (PS/U/min)	45 bei 3900
Vmax in (km/h)	122
Bauart	Limousine (2-türig), Kombi (3-türig)
Produktionszahl	169.721

Opel Olympia Rekord P1

Baujahr	1957-1960
Motor-Bauart	Vierzylinder (Reihe)
Hubraum (cm³)	1488, 1680
Leistung (PS/U/min)	45 bei 3900 bis 55 bei 4000
Vmax in (km/h)	125 bis 132
Bauart	Limousine (2-/4-türig), Kombi (3-türig), Coupé, Cabriolet
Produktionszahl	817.003

Detroit ließ grüßen! Die neue, 1957 präsentierte Rekord-P1-Linie zeigte sich in ihrer Formgebung unverkennbar amerikanisiert. Weit herumgezogene Panoramascheiben vorn und hinten, reichlicher Chromschmuck und ein deutlich sichtbarer Heckflossenansatz an den hinteren Kotflügeln signalisierten dies. Schlecht tat das dem P1 nicht. Das meinte wohl auch das Publikum, denn der nun als Viertürer und mit größerer Maschine lieferbare Rekord verkaufte sich rasend.

Opel Kapitän P

Dass selbst ausgeklügelte Marketingstrategie Fehlschläge nicht immer verhindern kann, beweist der Kapitän-Jahrgang 1958. Wie üblich angelehnt an die seinerzeit aktuelle Olympia-Rekord-Linie floppte der eigentlich sehr elegant gezeichnete Edel-Opel auf der ganzen Linie. Kaum 35.000 Exemplare fanden einen Käufer – trotz Panoramascheiben und einem auf 80 PS leistungsgesteigerten Motor. Nach nur einjähriger Bauzeit zogen die Rüsselsheimer die Notbremse und brachten einen optisch völlig veränderten Nachfolger.

Baujahr	1958-1959
Motor-Bauart	Sechszylinder (Reihe)
Hubraum (cm³)	2473
Leistung (PS/U/min)	80 bei 4100
Vmax in (km/h)	145
Bauart	Limousine (4-türig)
Produktionszahl	34.842

Opel 1200

Baujahr	1959-1962
Motor-Bauart	Vierzylinder (Reihe)
Hubraum (cm³)	1196
Leistung (PS/U/min)	40 bei 4400
Vmax in (km/h)	120
Bauart	Limousine (2-türig)
Produktionszahl	67.952

Während der P1 wahre Stückzahl-Triumphe feierte und die Rekord- Baureihe ins Zentrum der Mittelklasse hievte, war Opels Versuch, unterhalb des P1 eine Opel 1200 genannte Rekord-Magerversion zu etablieren, kein besonderer Erfolg beschieden. Nur als Zweitürer lieferbar und mit 40 PS nicht gerade übermotorisiert, verließen nicht einmal 70.000 1200er das Rüsselsheimer Werk – für Opel-Verhältnisse ein echter Flopp.

Opel Kapitän P-LV

Anscheinend entsprach die etwas verschnörkeltere, plumpere Karosserie des neuen Opel Kapitän weitaus besser dem Zeitgeschmack, denn eine fast fünfjährige Produktionsdauer des Modells spricht für sich. Auch auf technischem Gebiet hatte der Spitzen-Opel gewonnen: Tiefgreifende Modifikationen an Fahrwerk, Bremsen und – endlich – am Antriebsaggregat machten ihn zu einem besonders attraktiven Angebot.

Baujahr	1959-1963
Motor-Bauart	Sechszylinder (Reihe)
Hubraum (cm³)	2605
Leistung (PS/U/min)	90 bei 4100
Vmax in (km/h)	150
Bauart	Limousine (4-türig)
Produktionszahl	145.618

Opel Rekord P2

Baujahr	1960-1963
Motor-Bauart	Vierzylinder (Reihe)
Hubraum (cm³)	1488, 1680
Leistung (PS/U/min)	50 bei 4000 bis 60 bei 4100
Vmax in (km/h)	125 bis 140
Bauart	Limousine (2-/4-türig), Kombi (3-türig), Coupé, Cabriolet
Produktionszahl	787.684

Die hektischen Modellwechselintervalle jener Tage brachten schon 1960 eine völlig neue Rekord-Karosserie. Der Wegfall der Panoramascheiben und die strengen, geraden Linien der P2-Blechhülle deuteten auf die zunehmende Bedeutung einer europäischen Identität des Opel-Designs hin. Etwas merkwürdig proportioniert wirkte allerdings die zweitürige Coupéversion des P2, die mit einem 60-PS-Motor zu haben war. Ein Vierganggetriebe kostete nach wie vor Aufpreis.

Opel Kadett (Serie A)

Opels Angebot in der Kleinwagenklasse hieß Kadett und lief ab 1962 im neuen Werk Bochum vom Band. Der Schrumpf-Opel war eine komplette Neukonstruktion mit seinem Einliter-Vierzylinder und einem neuen, gleichwohl einfach gehaltenen Fahrwerk. Robust konstruiert und solide gefertigt, etablierte sich der Kadett spontan als echte Alternative zum VW Käfer. Außer der zweitürigen Limousine war noch ein dreitüriger Kombi lieferbar.

Baujahr	1962-1965
Motor-Bauart	Vierzylinder (Reihe)
Hubraum (cm³)	993
Leistung (PS/U/min)	40 bei 5000 bis 48 bei 5400
Vmax in (km/h)	120 bis 133
Bauart	Limousine (2-türig), Kombi (3-türig), Coupé
Produktionszahl	649.512 (inkl. Coupé)

Opel Rekord (Serie A)

Baujahr	1963-1965
Motor-Bauart	Vierzylinder (Reihe), Sechszylinder (Reihe)
Hubraum (cm³)	1488, 1680, 2605
Leistung (PS/U/min)	55 bei 4500 bis 100 bei 4600
Vmax in (km/h)	130 bis 170
Bauart	Limousine (2-/4-türig), Kombi (3-türig), Coupé, Cabriolet
Produktionszahl	887.488

Eine andere Typennomenklatur, aber kein weiterer Fortschritt im Styling. Weniger hochbeinig, jedoch wesentlich ausladender wirkend, kam der Rekord A daher. Unter dem Blech tat sich – wie gewöhnlich – nicht viel. Die 1,7-Liter-Maschine leistete in ihrer stärksten Ausführung nun 67 PS. Als neuen Marketing-Schachzug präsentierten die Rüsselsheimer ihr Spitzenmodell Rekord-6 mit dem trägen 2,6-Liter-Sechszylinder aus dem Kapitän. Der Spitzen-Rekord fiel indes sang- und klanglos durch.

Opel Kapitän, Admiral, Diplomat, Diplomat V8 (KAD A)

1964 entschloss sich Opel, mit der Oberklasse wirklich ernst zu machen: Drei verschiedene Modelle mit amerikanisch orientiertem Design außen und innen sowie Sechs- und Achtzylindermotoren sollten Daimler-Benz das Fürchten lehren. Dass es nicht dazu kam, lag eher an Geschmacks- und Imagefragen als an deren technischen Qualitäten. Speziell die V8-motorisierten Diplomat-Modelle boten neben großem Raumangebot und stattlichem Komfort auch satte Fahrleistungen, denen damals kaum eine Mercedes-Limousine gewachsen war.

Baujahr	1964-1968
Motor-Bauart	Sechszylinder (Reihe), V8
Hubraum (cm³)	2605, 2784, 4638, 5354
Leistung (PS/U/min)	100 bei 4600 bis 230 bei 4700
Vmax in (km/h)	155 bis 200
Bauart	Limousine (4-türig), Coupé
Produktionszahl	89.277

Opel Rekord (Serie B)

Die Rekord-Designer befanden sich offensichtlich im Formtief. Konnte schon der „A" nicht besonders begeistern, so zeigte auch der „B" kaum Besserung. Aber: Unter dem Blech hatte sich diesmal Einschneidendes getan. Neue, modern konstruierte Vierzylinder lösten endlich die Uralt-Motoren der Vorgängerbaureihen ab. Zwischen 60 und 90 PS aus 1,5 bis 1,9 Litern Hubraum ergaben standesgemäße Fahrleistungswerte. Mit nur knapp einem Jahr Bauzeit hatte der B die mit Abstand kürzeste Produktionsdauer aller jüngeren Rekord-Modelle.

Baujahr	1965-1966
Motor-Bauart	Vierzylinder (Reihe), Sechszylinder (Reihe)
Hubraum (cm³)	1492, 1698, 1897, 2605
Leistung (PS/U/min)	60 bei 4800 bis 100 bei 4600
Vmax in (km/h)	135 bis 170
Bauart	Limousine (2-/4-türig), Kombi (3-türig), Coupé
Produktionszahl	296.627

Opel Diplomat V8 Coupé

Baujahr	1965-1967
Motor-Bauart	V8
Hubraum (cm³)	5354
Leistung (PS/U/min)	230 bei 4700
Vmax in (km/h)	210
Bauart	Coupé
Produktionszahl	304

Der zweitürige Spitzen-Diplo im sportlich-eleganten Hardtop-Stil wurde nicht in Rüsselsheim, sondern bei Karmann in Osnabrück gebaut, dem Spezialisten für Kleinserien. Und klein war die Coupé-Serie in der Tat: Von 1965 bis 1967 verließen nur 300 dieser Fahrzeuge Karmanns Fertigungshallen. Der vermutliche Grund: Opels Imageproblem als Hersteller edler und demnach teurer Automobile. Wer viel Geld bezahlen konnte, wollte wohl unbedingt den Stern auf der Motorhaube prangen sehen.

Opel Kadett (Serie B)

Baujahr	1965-1973
Motor-Bauart	Vierzylinder (Reihe)
Hubraum (cm³)	1078, 1196, 1698, 1897
Leistung (PS/U/min)	45 bei 5000 bis 90 bei 5100
Vmax in (km/h)	125 bis 165
Bauart	Limousine (2-/4-türig), Kombi (3-/5-türig), Coupé
Produktionszahl	2.691.300

Nach dem schon sehr erfolgreichen A-Modell holte Opel mit dem 1965 eingeführten Kadett B zum großen Schlag aus. Das einfach und robust konzipierte Familienauto wilderte massiv im Wettbewerbsumfeld und setzte nicht zuletzt Volkswagen unter erheblichen Zugzwang. Gemäß dem ausgefeilten Baukastensystem technischer Komponenten war der geräumige B-Kadett während seiner achtjährigen Produktionsdauer mit einer Vielzahl von Motorisierungsoptionen lieferbar. Aber auch Karosserievarianten gab es zuhauf: Zweitürer, Viertürer, drei- und fünftüriger Kombi, Fließhecklimousine, Coupé – Opel ließ keinen Wunsch offen. Schließlich konnten fast 2,7 Millionen B-Kadett die Opel-Fließbänder verlassen.

Opel Rekord (Serie C)

Baujahr	1966-1971
Motor-Bauart	Vierzylinder (Reihe), Sechszylinder (Reihe)
Hubraum (cm³)	1492, 1698, 1897, 2239
Leistung (PS/U/min)	58 bei 4800 bis 106 bei 5600
Vmax in (km/h)	130 bis 175
Bauart	Limousine (2-/4-türig), Kombi (3-/5-türig), Coupé, Cabriolet
Produktionszahl	1.276.681

Jetzt gab es zu den moderneren Motoren endlich eine neue, gefällige Linienführung. Mit dem Rekord C kam Opels Mittelklasse-Limousine zu voller Blüte. Ein perfektes Baukastensystem ermöglichte es dem Käufer, ein seinen individuellen Bedürfnissen entsprechend zusammengestelltes Modell zu erwerben. Sechs serienmäßig lieferbare Karosserievarianten und vier verschieden große und in unterschiedlichen Leistungsstufen erhältliche Motoren sorgten für die Qual der Wahl.

Opel Olympia

Baujahr	1967-1970
Motor-Bauart	Vierzylinder (Reihe)
Hubraum (cm³)	1078, 1698, 1897
Leistung (PS/U/min)	60 bei 5200 bis 90 bei 5100
Vmax in (km/h)	140 bis 165
Bauart	Limousine (2-türig), Limousine (4-türig), Coupé
Produktionszahl	80.637

Die Edelversion des Kadett B mit Fließheck wurde „Olympia" getauft. Reicher Chrombesatz, ein topmodisches Vinyldach und vollständige Ausstattung sollten dazu dienen, aufwärts strebenden Opelfahrern den Sprung in Richtung Rekord nicht ganz so groß werden zu lassen. Mit Leistungen von 60 bis 90 PS erreichte der Olympia zwar ansehnliche Fahrleistungen, doch ein richtiger Verkaufserfolg wurde er nicht. Heute sind nur noch sehr wenige Olympias am Leben, was sie zu besonders interessanten Liebhaberautos macht.

Opel Commodore, Commodore GS, Commodore GS/E, Commodore GS 2800 (Serie A)

Baujahr	1967-1971
Motor-Bauart	Sechszylinder (Reihe)
Hubraum (cm³)	2239, 2490, 2784
Leistung (PS/U/min)	95 bei 4800 bis 150 bei 5800
Vmax in (km/h)	160 bis 195
Bauart	Limousine (2-türig), Limousine (4-türig), Coupé, Cabriolet
Produktionszahl	156.330

Commodore statt Rekord-Sechszylinder – diese neue Marketingstrategie sollte sich als Erfolg erweisen. Mehr dekorativer Chrom, Holzimitat am Armaturenbrett und den Türverkleidungen und vor allem der neue Reihensechszylinder sorgten für eine eigene Modellidentität, um die sich der Rekord 6 immer vergeblich bemüht hatte. Dazu kamen sportliche Varianten: der GS/E mit lebhaftem 2,5-Liter-Einspritzmotor und der mehr auf Komfort ausgelegte GS 2800. Mit beiden Modellen ließen sich auf der Autobahn BMW- und Mercedes-Fahrer trefflich ärgern.

Opel GT, GT/J

Baujahr	1968-1973
Motor-Bauart	Vierzylinder (Reihe)
Hubraum (cm³)	1078, 1897
Leistung (PS/U/min)	60 bei 5200 bis 90 bei 5100
Vmax in (km/h)	155 bis 190
Bauart	Coupé
Produktionszahl	103.373

„Nur Fliegen ist schöner" – dieser klassische Werbeslogan für den Opel GT war vielleicht etwas vollmundig, doch machte das kompromisslose Konzept Eindruck. Ohne echten Kofferraum und mit hinter die Vorderachse gerücktem Vierzylinder zeigte Rüsselsheim, was Ende der 60er, Anfang der 70er Jahre bei Großserienherstellern noch möglich war: nämlich ein preiswertes Minderheitenauto anzubieten, das wertvolle Dienste zur Imagebildung leistete. Der abgemagerte GT/J beschloss die Serie nach fast 100.000 gefertigten Exemplaren.

Opel Kapitän, Admiral, Diplomat, Diplomat V8 (Serie B)

Auf dem Genfer Autosalon feierte die komplett neu entwickelte Top-Baureihe der Rüsselsheimer im Jahre 1969 Premiere. Platz boten die neuen Limousinen in Hülle und Fülle, auch Fahrsicherheit und -komfort dank einer neuen Hinterachse. Motorseitig bot nach wie vor den unverwüstlichen 2,8-Liter- Reihensechszylinder an, allerdings nunmehr in drei Leistungsstufen mit Vergaser (132 und 145 PS) und Benzineinspritzung (165 PS), die jedoch nur im Admiral und im Diplomat lieferbar war. Ansonsten unterschieden sich Kapitän und Admiral nur in den Schmuckelementen, der Ausstattung und natürlich im Preis voneinander.

Baujahr	1969-1977
Motor-Bauart	Sechszylinder (Reihe), V8
Hubraum (cm³)	2784, 5354
Leistung (PS/U/min)	129 bei 5000 bis 230 bei 4700
Vmax in (km/h)	170 bis 190
Bauart	Limousine (4-türig)
Produktionszahl	51.000

Opel Ascona (Serie A)

Parallel zum Manta präsentierte Opel mit dem kompakten Ascona wieder eine Limousine der unteren Mittelklasse. Sie überzeugte mit ihrer durchaus attraktiven Linienführung und guten Fahrleistungen, die ein 1,6-Liter-Vierzylinder mit bis zu 80 PS bereitstellte. Später erweiterte Opel das Triebwerksangebot mit einem 1,2-Liter nach unten und dem 1,9-Liter aus dem Rekord nach oben. Mit 90 PS verhalf dieser unverwüstliche Motor dem Ascona zu ausgesprochen munteren Fahrleistungen. Besonders ansehnlich fiel übrigens die dreitürige Kombi-Version mit Namen Voyage aus.

Baujahr	1970-1975
Motor-Bauart	Vierzylinder (Reihe)
Hubraum (cm³)	1196, 1584, 1897
Leistung (PS/U/min)	60 bei 5400 bis 90 bei 5100
Vmax in (km/h)	135 bis 160
Bauart	Limousine (2-/4-türig), Kombi (3-türig)
Produktionszahl	691.438

Opel Manta (Serie A)

Der Rüsselsheimer Anti-Capri hieß „Manta" und wurde 1970 lanciert. Auch hier landete Opel einen vollen Erfolg, weil man sportlich orientierten Familienvätern die Chance bot, vom bürgerlichen Rekord Abstand zu nehmen und stattdessen zur jugendlichen Alternative zu greifen. Eine große Ausstattungs- und Motorisierungsvielfalt bot dabei allen Geschmäckern etwas. Am Ende der Manta-A-Baureihe sorgte die GT/E-Version mit dem 105 PS starken Einspritzmotor für besonders rasante Fahrleistungen.

Baujahr	1970-1975
Motor-Bauart	Vierzylinder (Reihe)
Hubraum (cm³)	1196, 1584, 1897
Leistung (PS/U/min)	60 bei 5200 bis 105 bei 5400
Vmax in (km/h)	145 bis 185
Bauart	Coupé
Produktionszahl	498.553

Baujahr	1971-1977
Motor-Bauart	Vierzylinder (Reihe)
Hubraum (cm³)	1698, 1897, 1979, 2068
Leistung (PS/U/min)	60 bei 4400 bis 100 bei 5200
Vmax in (km/h)	130 bis 170
Bauart	Limousine (2-/4-türig), Kombi (3-/5-türig), Coupé
Produktionszahl	1.128.196

Opel Rekord II (Serie D)

Ähnlich erfolgreich wie die Markteinführung des Rekord C verlief die des Rekord D. Gefällige, sachliche Linien bestimmten das Äußere der neuen Baureihe, besonders das ausgewogen proportionierte Coupé konnte gefallen. Auch die Innenraumgestaltung überzeugte durch eine klare Designphilosophie sowie hohe Praxistauglichkeit. Unter dem Blech zeigten sich Opel-typisch kaum größere Modifikationen. Ein weiterentwickeltes Fahrwerk und sanft leistungsgesteigerte Motoren machten den Rekord zu einem guten Kauf.

Opel Commodore (Serie B)

Baujahr	1972-1977
Motor-Bauart	Sechszylinder (Reihe)
Hubraum (cm³)	2490, 2784
Leistung (PS/U/min)	115 bei 5200 bis 160 bei 5400
Vmax in (km/h)	170 bis 200
Bauart	Limousine (2-/4-türig), Coupé
Produktionszahl	140.827

Die Neuauflage eines alten Themas wirkte – zumindest auf eingefleischte Opel-Fans – etwas ernüchternd. Mit auf 2,8 Liter vergrößertem Hubraum und einer zahmeren Motorauslegung waren dem GS/E sämtliche Zähne gezogen worden – so die Meinung eingefleischter Alt-GS/E-Liebhaber. Trotz 160 PS fehlte es dem neuen Sport-Commodore an Biss und Ausstrahlung, über die sein Vorgänger noch so reichlich verfügt hatte.

Opel Kadett (Serie C)

Im Jahr 1973 stand die neue Generation der Kadett-Reihe in dem Schaufenstern der Händler. Als 2- oder 4-türige Limousine und als ausschließlich 2-türige Kombivariante mit der Bezeichnung Caravan fand der Kleine aus Rüsselsheim in kürzester Zeit viele dankbare Käufer. Für sportlich ambitionierte Kunden hielt die Angebotspalette außerdem eine Coupé-Version bereit, die in der stärksten Ausführung mit einem 1,9-Liter-Einspritzmotor ausgerüstet war. Als Kadett GT/E in auffälliger gelb-schwarzer Lackierung vermarktete Opel werbewirksam die Erfolge von Walter Röhrl im Rallyesport, der mit diesem Modell siegreich über die anspruchsvollsten Pisten in aller Welt driftete.

Baujahr	1973-1979
Motor-Bauart	Vierzylinder (Reihe)
Hubraum (cm³)	933, 1196, 1584, 1979
Leistung (PS/U/min)	40 bei 5400 bis 115 bei 5600
Vmax in (km/h)	120 bis 190
Bauart	Limousine (2-/4-türig), Kombi-Coupé, Coupé
Produktionszahl	1.701.076

Opel Manta (Serie B)

Mehr als eine halbe Million Fahrzeuge der zweiten Manta-Serie rollten in Rüsselsheim von den Bändern. Das zeigt, wie stimmig – wenn auch technisch nicht mehr wirklich zeitgemäß – das Konzept des attraktiv gestalteten viersitzigen Soft-Sportlers immer noch war. Opel entfaltete über fast 14 Baujahre eine riesige Modell- und Motorenpalette, vom schwachbrüstigen 1200er bis zum Rallye-Basismodell mit 144 PS starkem 2,4-Liter-Motor. 1978 wurde eine Karosserievariante mit Fließheck namens CC nachgeschoben, die aber nicht ganz den gewünschten Erfolg brachte. Zehn Jahre später endete mit dem letzten produzierten Manta B endgültig die Ära heckgetriebener Familiencoupés.

Baujahr	1975-1988
Motor-Bauart	Vierzylinder (Reihe)
Hubraum (cm³)	1196, 1279, 1584, 1796, 1897, 1979, 2410
Leistung (PS/U/min)	55 bei 5400 bis 144 bei 5200
Vmax in (km/h)	138 bis 210
Bauart	Coupé
Produktionszahl	534.634

Opel Kadett Aero

Baujahr	1976-1978
Motor-Bauart	Vierzylinder (Reihe)
Hubraum (cm³)	1196, 1584
Leistung (PS/U/min)	60 bei 5400 bis 75 bei 5200
Vmax in (km/h)	145 bis 160
Bauart	Coupé (Dachteil entfernbar)
Produktionszahl	1242

Bei Baur in Stuttgart entstand ab 1976 ein zumindest halb offener Opel Kadett. Das hübsch gemachte Bügel-Cabrio nannte sich Aero und sorgte mit 1,2, später 1,6 Liter großem Vierzylinder unter der Haube für entspannten Fahrspaß bei günstigen Unterhaltskosten. Leider hatte das Modell seinen Preis. 15.000 Mark waren nicht nur in der Kadett-Welt eine Menge Geld. So entschieden sich nur wenig mehr als 1200 Käufer für den Aero, der folglich nach zwei Jahren wieder aus den Angebotslisten bei Opel verschwand.

Opel Rekord (Serie E 1)

Baujahr	1977-1982
Motor-Bauart	Vierzylinder (Reihe)
Hubraum (cm³)	1698, 1897, 1979, 2068
Leistung (PS/U/min)	60 bei 4800 bis 110 bei 5400
Vmax in (km/h)	135 bis 179
Bauart	Limousine (2-/4-türig), Kombi (3-/5-türig)
Produktionszahl	962.218

Als letzter Vertreter der Rekord-Baureihe vor dem Erscheinen des Nachfolgemodells Omega, betrat das E-Modell die Bühne der Automobilwelt. Opel hatte mit der traditionsreichen Mittelklasse-Limousine zugleich auch eine technische Plattform für Senator und Monza geschaffen. Die Motorisierung reichte von einer eher schwachbrüstigen, zweitürigen 60-PS-Sparvariante bis hin zum 110 PS starken Einspritzer. Die ebenfalls erhältlichen Dieselmodelle waren beliebte Exportvarianten, blieben aber hierzulande eher eine Seltenheit.

Opel Senator (Serie A)

Baujahr	1978-1986
Motor-Bauart	Vierzylinder (Reihe), Sechszylinder (Reihe)
Hubraum (cm³)	1979, 2197, 2260, 2490, 2968
Leistung (PS/U/min)	110 bei 5400 bis 180 bei 5800
Vmax in (km/h)	170 bis 200
Bauart	Limousine (4-türig)
Produktionszahl	129.644

Opels Versuch, nach der Kapitän/Admiral/Diplomat-Reihe 1978 eine neue Oberklasse-Limousine im Konkurrenzumfeld zu etablieren, war letztlich nicht von Erfolg gekrönt. An den Qualitäten des Autos lag das keineswegs. Es wartete mit aufwendiger Fahrwerkstechnik, robusten, laufruhigen Motoren, sehr guter Ausstattung und repräsentativer Optik auf. Leider machte Opel der ständig wichtiger werdende Imagefaktor in diesem von Mercedes-Benz, BMW und verstärkt auch Audi geprägten Segment immer mehr zu schaffen – weniger als 130.000 Autos in rund 8 Jahren Produktionszeit waren eine klare Botschaft.

Opel Monza (Serie B)

Der Monza sollte die Rolle als sportliches Schwestermodell des Senator spielen. Von seinem äußeren Erscheinungsbild her gelang ihm das glänzend. Die Fließheck-Karosserie war zeitlos elegant, die Heckklappe bot dazu noch praktischen Nutzwert. Technisch waren Monza und Senator im Wesentlichen identisch. Absolutes Spitzenmodell war der Ende 1982 mit einem tiefgreifenden Facelift eingeführte GSE, der mit seinem Dreiliter-Einspritzmotor und geschmackvoll sportlicher Aufmachung beeindruckte. Auch die Monza-Modelle fanden nur vergleichsweise wenige Käufer. Schon nach knapp 44.000 gebauten Exemplaren kam das unverdient frühe Ende.

Baujahr	1978-1986
Motor-Bauart	Vierzylinder (Reihe), Sechszylinder (Reihe)
Hubraum (cm³)	1979, 2197, 2490, 2968
Leistung (PS/U/min)	110 bei 5400 bis 180 bei 5800
Vmax in (km/h)	180 bis 200
Bauart	Coupé
Produktionszahl	43.812

Opel Corsa GSI

Mit dem modern konzipierten Corsa beschickte Opel seit 1983 erstmals das Kleinwagen-Segment unterhalb des Kadett. Die schicke, durchaus freche Linienführung des extrem kompakten Dreitürers mit seinen ausgestellten Kotflügeln rief geradezu nach einer leistungsstarken Sportversion, die dann aber erst 1988 auf den Markt kam. Ausgerüstet mit einem bis zu 101 PS starken 1,6-Liter-Einspritz-Vierzylinder und einigen sportlichen Accessoires außen und innen war er für die damalige Zeit außerordentlich gut bei Kräften. Über 55.000 Kunden in Europa entschieden sich für dieses kleine Kraftpaket.

Baujahr	1983-1993
Motor-Bauart	Vierzylinder (Reihe)
Hubraum (cm³)	1598
Leistung (PS/U/min)	101 bei 6000
Vmax in (km/h)	195
Bauart	Limousine (3-türig)
Produktionszahl	k.A.

Opel Kadett GSi 16V

Baujahr	1988-1991
Motor-Bauart	Vierzylinder (Reihe)
Hubraum (cm³)	1998
Leistung (PS/U/min)	150 bei 6000
Vmax in (km/h)	205
Bauart	Limousine (3-türig), Limousine (5-türig), Cabrio
Produktionszahl	k.A.

Die Rüsselsheimer führten auch bei der 1984 präsentierten E-Serie ihres Bestsellers Kadett die lieb gewordene Tradition fort, früher oder später ein sportliches Spitzenmodell in die Modellreihe aufzunehmen. 1988, nach vier Jahren, wurde schließlich der GSi eingeführt, der dem Kadett die sprichwörtliche Biederkeit gründlich austrieb. Mit einem hoch effektiven, 150 PS starken Zweiliter-Vierzylinder samt brandneuem 16-Ventil-Zylinderkopf ausgerüstet, rückte der GSi in die vorderste Front der schnellen Kompakten – auch GTI-Klasse genannt – vor. Mit umfangreicher Ausstattung und optisch dezent vorgetragener Sportlichkeit schuf er sich während seiner bis 1991 währenden Produktionszeit zahlreiche Freunde.

Opel Vectra

Baujahr	1988-1995
Motor-Bauart	Vierzylinder (Reihe), V6
Hubraum (cm³)	1389 bis 2498
Leistung (PS/U/min)	57 bei 4600 bis 204 bei 5600
Vmax in (km/h)	150 bis 220
Bauart	Limousine (4-türig), Limousine (5-türig)
Produktionszahl	k.A.

Mit dem 1988 auf den Markt gebrachten Vectra vollzog Opel auch in der unteren Mittelklasse den Schritt in die moderne Welt der Frontantriebsautos. Der Nachfolger des Ascona hielt sich über acht Jahre erfolgreich auf dem Markt und spielte seine Rolle als zuverlässiges, unterhaltsgünstiges Alltagsauto für die ganze Familie überzeugend. Im Lauf der Zeit gab es eine Fülle unterschiedlichster Versionen und Varianten bis hin zum exotischen 204 PS starken Turbo mit Allradantrieb. Das untere Ende der Leistungspyramide markierte ein 1,4-Liter-Vierzylinder mit 75 PS, das Komfortsegment bediente ein langlebiger 2,5-Liter-V6 mit 170 PS.

Opel Astra A

1991 hatte der gute alte Kadett ausgedient. Mit dem neuen Astra sollte auch beim Modellnamen dokumentiert werden, dass die Zeit des Opel-Miefs endgültig vorbei war. Als Golf-Konkurrent musste er mit einer großen Vielfalt an Varianten antreten und tat dies auch von Beginn an. Als Schrägheck, Stufenheck, Kombi und Cabrio – dazu noch als Lieferwagen – befriedigte er die Ansprüche breiter Käuferschichten. Gleiches galt für die lieferbare Ausstattungs- und Motorenpalette. Letztere reichte von milden 57 bis hin zu feurigen 150 PS im sportlichen GSi. Leider kämpfte Opel zu jener Zeit mit merklichen Qualitätsproblemen, die auch den Astra betrafen und dem Ruf der Marke noch auf Jahre hinaus schaden sollten.

Baujahr	1991-1998
Motor-Bauart	Vierzylinder (Reihe)
Hubraum (cm³)	1389 bis 1998
Leistung (PS/U/min)	57 bei 4600 bis 150 bei 6000
Vmax in (km/h)	155 bis 210
Bauart	Limousine (3-türig), Limousine (5-türig), Kombi, Coupé, Cabrio
Produktionszahl	k.A.

Opel Omega B

Der von 1994 bis 2003 gebaute Omega B war der letzte Mittelklasse-Opel traditionellen Zuschnitts. Wie der Millionenseller Rekord aus den goldenen Jahren der Rüsselsheimer Marke verfügte er über einen Frontmotor und Heckantrieb. Das kam beim eher konservativen Publikum gut an, zumal der Omega B preislich klar unter den Premiumangeboten dieses Marktsegments von Mercedes-Benz und BMW lag, ohne jedoch wesentlich weniger zu bieten. Die Konkurrenzmodelle der anderen Volumenhersteller, VW Passat, Audi 100 (bzw. A6) und Ford Mondeo, waren längst zum Frontantrieb übergegangen. So konnte sich der Omega B – auch dank großer Variantenvielfalt – lange am Markt behaupten und viele Freunde gewinnen.

Baujahr	1988-2002
Motor-Bauart	Vierzylinder (Reihe), Sechszylinder (Reihe), V6
Hubraum (cm³)	1995 bis 3175
Leistung (PS/U/min)	100 bei 4200 bis 218 bei 6000
Vmax in (km/h)	190 bis 220
Bauart	Limousine (4-türig), Kombi
Produktionszahl	k.A.

Baujahr	1995-2000
Motor-Bauart	Vierzylinder (Reihe)
Hubraum (cm³)	1389 bis 1598
Leistung (PS/U/min)	90 bei 6000 bis 106 bei 6000
Vmax in (km/h)	180 bis 190
Bauart	Coupé
Produktionszahl	k.A.

Opel Tigra A

1994 brachte Opel auf technischer Basis des Corsa B ein schnuckeliges 2+2-sitziges Sportcoupé mit riesiger Glas-Heckklappe auf den Markt. Motorisiert war der Tigra genannte Flitzer mit einem 1,4 oder auf Wunsch einem 1,6 Liter großen Vierzylinder mit 90 bzw. 106 PS. Damit ließen sich durchaus flotte Fahrleistungen erreichen. Alsbald belasteten jedoch immer wieder auftauchende Qualitäts- und Verarbeitungsmängel den Ruf des Tigra – Opel litt besonders in der zweiten Hälfte der 90er Jahre unter den Nachwirkungen massiver Kostenersparnisprogramme, die die Substanz der Traditionsmarke geraume Zeit in Mitleidenschaft zogen.

Opel Speedster

Ein weit konsequenteres Sportwagenkonzept als das des aktuellen GT präsentierte Opel im Jahr 2000. Der Speedster basierte auf dem faszinierenden Lotus Elise, der die Leichtbau-Philosophie des britischen Sport- und Rennwagenbauers eindrucksvoll demonstrierte. Mit Opel-eigener Kunststoffkarosserie und dem 147 PS leistenden 2,2-Liter-Opel-Vierzylinder (später auch mit dem Zweiliter-Turbotriebwerk mit 200 PS) in Mittelmotoranordnung vermittelte der unter 1000 Kilo wiegende Speedster echtes Rennwagenfeeling. Opel betrachtete den Speedster primär als Imageträger für die Marke. Aufgrund seiner sehr begrenzten Alltagstauglichkeit gestaltete sich der Abverkauf allerdings eher zäh und 2005 endete die Produktion. Mittlerweile jedoch werden vor allem die Turbo-Modelle als echte Liebhaberautos gehandelt.

Baujahr	2000-2005
Motor-Bauart	Vierzylinder (Reihe)
Hubraum (cm³)	1998 bis 2198
Leistung (PS/U/min)	147 bei 5800 bis 200 bei 6000
Vmax in (km/h)	215 bis 240
Bauart	Roadster
Produktionszahl	k.A.

Astra OPC

Baujahr	seit 2004
Motor-Bauart	Vierzylinder (Reihe)
Hubraum (cm³)	1998
Leistung (PS/U/min)	240 bei 6000
Vmax in (km/h)	240
Bauart	Limousine (3-türig), Limousine (5-türig), Kombi, Coupé, Cabrio
Produktionszahl	k.A.

Ein großer Markterfolg war die 2004 präsentierte H-Serie des Astra, die sich rundum tiefgreifend modernisiert und qualitativ verbessert zeigte. Einen besonderen Akzent setzte die betont sportlich gehaltene dreitürige GTC-Version, die es auch in der OPC-Ausstattung gab. OPC nannte Opel seit 1999 seine ausgeprägt sportlichen Modelle für einen bewusst kleinen Käuferkreis, dem Leistung und echte Sportlichkeit oberhalb der bisherigen GSi-Modelle über alles ging. So bot der Astra OPC der H-Serie satte 240 PS aus einem Zweiliter-Vierzylinder-Turbomotor und erreichte damit eine Spitze von fast 250 km/h – kaum glaubliche Werte für einen Kompaktwagen bürgerlichen Zuschnitts.

Baujahr	seit 2007
Motor-Bauart	Vierzylinder (Reihe)
Hubraum (cm³)	1998
Leistung (PS/U/min)	264 bei 6000
Vmax in (km/h)	245
Bauart	Roadster
Produktionszahl	k.A.

Opel GT (Roadster)

2007 belebte Opel einen alten Mythos wieder, aber auf ganz neue Art. Die Rüsselsheimer nannten ihr neues, bei GM in den USA konzipiertes Sportwagenmodell „GT" – wie den legendären Zweisitzer aus den frühen 70er Jahren. Beim neuen GT handelte es sich jedoch um einen Roadster mit einem vergleichsweise rudimentären Stoffverdeck. Befeuert wird der neue GT von einem 264 PS starken Zweiliter-Turbo-Vierzylinder, der für nachdrücklichen Vortrieb sorgt. Gegenüber den meisten Konkurrenzmodellen mangelt es dem GT jedoch an Nutzwert. Das eher notdürftige Verdeck und die kaum vorhandene Kofferraumkapazität machen ihm – wie eigentlich schon den alten GT – zum reinen Spaßvehikel fürs Wochenende.

Baujahr	seit 2008
Motor-Bauart	Vierzylinder (Reihe), V6
Hubraum (cm³)	1598 bis 2792
Leistung (PS/U/min)	110 bei 4000 bis 260 bei 5500
Vmax in (km/h)	200 bis 245
Bauart	Limousine (4-türig), Limousine (5-türig), Kombi
Produktionszahl	k.A.

Opel Insignia

Die Messlatte für einen neuen Wettbewerber in der Mittelklasse liegt auf dem deutschen Markt extrem hoch. Optik, Technik und Qualitätsniveau der Fahrzeuge von Audi, VW, Ford, Mercedes-Benz und BMW markieren schlicht und einfach die Weltspitze. Opels 2008 vorgestellter Insignia soll nun in diese Phalanx einbrechen und Oberklasse-Technik im Mittelklasse-Format zu besonders konkurrenzfähigen Preisen realisieren. Die Anlagen dazu hat er offensichtlich – bleibt nur die Frage, ob die Existenzkrise des General-Motors-Konzerns, die auch Opel in den Abgrund zu reißen droht, eine Grundlage bieten wird, diesen besten Opel seit langem auch zum verdienten Erfolg zu führen.

Porsche 356, 356 Super

Baujahr	1949-1955
Motor-Bauart	Vierzylinder (Boxer)
Hubraum (cm³)	1086, 1286, 1290, 1488
Leistung (PS/U/min)	40 bei 4000 bis 70 bei 5000
Vmax in (km/h)	140 bis 175
Bauart	Coupé, Cabriolet, Speedster
Produktionszahl	7627

Mit der Vorstellung des 356 auf der Automobilmesse in Genf im März 1949 legte Ferdinand Porsche den Grundstein für die Serienfertigung seiner Sportwagen. Auch wenn genaugenommen bereits im Jahr zuvor im österreichischen Gmünd 356-Exemplare entstanden waren. Der als Coupé und Cabrio lieferbare neue Porsche, der sich technisch an den VW Käfer anlehnte, kostete damals rund 10.000 bzw 12.000 DM und zählte somit zu den Traumwagen im Nachkriegsdeutschland.

Porsche Spyder 550, Spyder 550 A

Baujahr	1955-1957
Motor-Bauart	Vierzylinder (Boxer)
Hubraum (cm³)	1498
Leistung (PS/U/min)	110 bei 6200 bis 135 bei 7200
Vmax in (km/h)	220 bis 240
Bauart	Speedster
Produktionszahl	90

Begründete er den wahren Mythos Porsche? Federleicht und leistungsstark – das war das Credo des 550, als er 1955 auf der Bühne erschien. Mit seinem 1,5 Liter großen, luftgekühlten Boxermotor vor der Hinterachse verkörperte er modernste Renntechnik. Auch das Vierzylinder-Triebwerk selbst hatte sich deutlich von dem eines normalen 356 entfernt. Mit seinen obenliegenden Nockenwellen stellte es mindestens 110 PS zur Verfügung, die den winzigen Spyder mit seiner Aluminiumkarosserie rund 220 km/h schnell machten. Das alles waren ideale Voraussetzungen für eine grandiose Rennsportkarriere, mit der er die Zuffenhausener in der Folge auch beglückte.

Baujahr	1955-1958
Motor-Bauart	Vierzylinder (Boxer)
Hubraum (cm³)	1498, 1582
Leistung (PS/U/min)	60 bei 4500 bis 110 bei 6400
Vmax in (km/h)	160 bis 200
Bauart	Speedster
Produktionszahl	k.A.

Porsche 356 Speedster

Ab 1955 lieferbar war der Porsche Speedster, eine in der Ausstattung abgemagerte, betont sportlich aufgemachte und preiswerter angebotene Version des 356. Besonders in den USA fand der Speedster bald eine begeisterte Anhängerschaft. Besonders in der 110 PS starken Carrera-Version war er ein ernst zu nehmender Sportwagen, der bei zahllosen Rennen Lorbeer für die noch junge Stuttgarter Firma erntete. Für ein solches Modell waren aber fast 18.000 DM auf den Tisch des Händlers zu blättern – seinerzeit eine ungeheure Summe.

Porsche 356 A

Baujahr	1955-1959
Motor-Bauart	Vierzylinder (Boxer)
Hubraum (cm³)	1290, 1582
Leistung (PS/U/min)	44 bei 4200 bis 75 bei 5000
Vmax in (km/h)	145 bis 175
Bauart	Coupé, Cabriolet
Produktionszahl	21.045

Der Start einer Legende: 1950 begann in Stuttgart-Zuffenhausen die Serienproduktion des rundlichen Sportwagens mit starken VW-Anklängen. Die Karosserien entstanden bei der Firma Reutter, der Zusammenbau der 356er fand in den Porsche-Hallen statt. Verkaufs- und vor allem Sporterfolge ließen nicht lange auf sich warten. Eine Cabriolet- und die besonders rassige, für den US-Markt konzipierte Speedster-Version waren bald neben dem Coupé im Lieferprogramm. Natürlich wurde auch die Motorisierung immer muskulöser: 70 PS aus 1,5 Litern Hubraum waren vorläufiger Höhepunkt.

Porsche 1500/1600 GS Carrera

Baujahr	1955-1959
Motor-Bauart	Vierzylinder (Boxer)
Hubraum (cm³)	1498, 1588
Leistung (PS/U/min)	100 bei 6200 bis 115 bei 6500
Vmax in (km/h)	200
Bauart	Coupé, Cabriolet, Speedster
Produktionszahl	ca. 700

Die „Carrera" genannten Sport-Versionen verfügten über den für den Alltagseinsatz mühsam gezähmten Rennmotor, mit dem man Hunderte von Siegen auf allen Rennstrecken der Welt eingefahren hatte. Die delikate Technik kostete ihren Preis, in der Anschaffung wie im Unterhalt. Dafür bekam man, gemessen an der Hubraumgröße, exzellente PS-Leistungen und eine Menge Überholprestige. Der Mythos Porsche begann sich damit wirklich zu entwickeln.

Baujahr	1959-1963
Motor-Bauart	Vierzylinder (Boxer)
Hubraum (cm³)	1582
Leistung (PS/U/min)	60 bei 4500 bis 90 bei 5500
Vmax in (km/h)	160 bis 185
Bauart	Coupé, Cabriolet, Roadster, Hardtop
Produktionszahl	30.963

Porsche 356 B

Ein sichtbares Facelifting an der Fahrzeugfront, Modifikationen im Innenraum, eine neue Top-Motorisierung und eine weitere Karosserievariante markierten den Schritt vom 356 A zum B. Der pummelige Heckmotor-Sportwagen wirkte formal nun etwas frischer, während die 90-PS-Maschine in der Version „Super 90" für strammen Vortrieb sorgte. Selten blieb das bei Karmann in Osnabrück gefertigte Hardtop-Modell, quasi ein 356 B Cabriolet mit fest montiertem Blechdach statt des Faltverdecks.

Porsche 356 2000 GS Carrera 2

Baujahr	1961-1964
Motor-Bauart	Vierzylinder (Boxer)
Hubraum (cm³)	1966
Leistung (PS/U/min)	130 bei 6200
Vmax in (km/h)	200
Bauart	Coupé, Cabriolet, Hardtop
Produktionszahl	436

Mit vollen zwei Litern Hubraum und stattlichen 130 PS Leistung war die zweite „Carrera"-Serie zwar nicht weniger sportlich als die erste ausgefallen, aber weniger kapriziös. Als leistungsfähiger Langstrecken-Sportwagen machte er nun eine bessere Figur als sein Vorgängermodell. Erhältlich war der Carrera 2 als Coupé, Cabriolet und Hardtop/Cabriolet. Die Produktionsstückzahlen des ebenso exklusiven wie technisch aufwendigen Carrera blieben bei Einstandspreisen zwischen 23.700 und 25.750 D-Mark – je nach Karosserievariante – erwartungsgemäß auch bei der zweiten Serie gering.

Porsche 904, Carrera GTS

Baujahr	1963-1965
Motor-Bauart	Vierzylinder (Boxer), Sechszylinder (Boxer), Achtzylinder (Boxer)
Hubraum (cm³)	1966, 1991, 1982, 2195
Leistung (PS/U/min)	155 bei 6900 bis 270 bei 8600
Vmax in (km/h)	über 250
Bauart	Coupé
Produktionszahl	ca. 120

Einer der schönsten deutschen Sportwagen überhaupt war zweifellos der 904, der 1963 erschien. Das in nur rund 120 Exemplaren gefertigte Mittelmotor-Coupé war zudem der erste Porsche, der mit einer leichten Kunststoffkarosserie aufwartete. Das Material war vom Chemiekonzern BASF entwickelt worden. Dank seiner aerodynamisch ausgefeilten Karosserie, einem Gewicht von nur 650 Kilogramm und seinen 180 PS ergab sich ein atemberaubendes Fahrleistungspotenzial. Nur ganz wenige 904 wurden im Straßenverkehr eingesetzt, fast alle mehrten den Ruhm der Marke bei weltweiten Einsätzen im Motorsport.

Porsche 356 C

Baujahr	1963-1965
Motor-Bauart	Vierzylinder (Boxer)
Hubraum (cm³)	1582
Leistung (PS/U/min)	75 bei 5200 bis 95 bei 5800
Vmax in (km/h)	175 bis 185
Bauart	Coupé, Cabriolet
Produktionszahl	16.668

Höchst ausgereift präsentierte sich die C-Baureihe des 356er Porsche. Mit gestrafftem Modellangebot, bestehend nur aus dem Coupé und dem Cabriolet, und lediglich zwei lieferbaren Motoren mit 75 bzw. 95 PS, warf der 911 bereits lange Schatten auf das Ur-Modell. Technisch hatte es noch einmal einen Innovationsschub gegeben: Die Bremsanlage verfügte nunmehr über Scheiben rundum. Trotz des zum Teil parallel gebauten 911er-Modells fanden von 1963 bis 1965 noch gut 16.500 356 C einen Käufer.

Porsche 911, 911 L, 911 T, 911 S (ab 1967: A-Serie)

Der Schritt vom 356 zum 911 war riesengroß. Zwei Liter Hubraum und 130 PS aus einem luftgekühlten Sechszylinder-Boxermotor bedeuteten einen echten Leistungssprung. Anfangs nur als Coupé lieferbar, schuf sich der 911 binnen kürzester Zeit eine ausgezeichnete Reputation wegen seiner sportlichen Auslegung und Erscheinung, die sich deutlich von der 356er-Linie abhob. Für die echten Elfer-Fans ist die alte, kreischende Zweiliter-Maschine übrigens immer noch das Nonplusultra, wenn es um spezifische Porsche-Faszination geht.

Baujahr	1964-1969
Motor-Bauart	Sechszylinder (Boxer)
Hubraum (cm³)	1991
Leistung (PS/U/min)	110 bei 5800 bis 160 bei 6600
Vmax in (km/h)	195 bis 220
Bauart	Coupé, Targa
Produktionszahl	k.A.

Porsche Targa

Baujahr	1966-1973
Motor-Bauart	Sechszylinder (Boxer)
Hubraum (cm³)	1991, 2195, 2341
Leistung (PS/U/min)	110 bei 5800 bis 190 bei 6500
Vmax in (km/h)	210-235
Bauart	Targa
Produktionszahl	k.A.

Porsche wirkte mit dem Konzept des Targadachs als Trendsetter (wenngleich man es nicht erfunden hatte) für ein relativ einfach umzusetzendes Offenfahr-Angebot. Praktisch und sicher zugleich, ermöglichte es der Targabügel, die Vorteile des Coupés mit dem authentischen Fahrgefühl eines Cabriolets zu vereinen. Puristen mochte das ab 1969 fest installierte hintere Dachteil schrecken, doch Porsche etablierte die Targa-Option schnell und – zum Zeitpunkt ihrer Einführung – für alle Modelle.

Porsche 912

Baujahr	1965-1969
Motor-Bauart	Vierzylinder (Boxer)
Hubraum (cm³)	1582
Leistung (PS/U/min)	90 bei 5800
Vmax in (km/h)	180
Bauart	Coupé, Targa
Produktionszahl	30.300

Die Kombination von neuer Karosserie und altem Vierzylinder sollte, so spekulierte man in Zuffenhausen, frustrierte Porsche-Kunden an die Marke binden, denen der 911 einfach zu teuer war. Leider täuschte man sich da. Der 1,6-Liter-Boxer aus dem 356 SC mühte sich redlich ab mit der neuen, schwereren Karosse des 912, und der Kaufpreis – obwohl günstiger als beim Elfer – war nach wie vor nicht von Pappe. Sein Identitätsproblem wurde der 912 jedenfalls zeitlebens nicht los. Er war eben nur ein Lückenfüller.

Porsche 911 E, 911 T, 911 S (B-Serie)

Baujahr	1968-1971
Motor-Bauart	Sechszylinder (Boxer)
Hubraum (cm³)	1991, 2195
Leistung (PS/U/min)	110 bei 5800 bis 180 bei 6500
Vmax in (km/h)	195 bis 225
Bauart	Coupé, Targa
Produktionszahl	k.A.

Ab 1968 bot Porsche den 911 in Form der Modelle T, E und S in drei verschiedenen Motorisierungen an. Die Rolle als Basisversion und Einsteigermodell sollte dabei der 911 T übernehmen, mit zuletzt 180 PS stellte der 911 S das Topmodell dar. Das Zwischenmodell für eher komfortorientierte Kunden taufte Porsche auf den Namen 911 E, wobei der Zusatz auf die mechanische Benzineinspritzung hinwies. In seinem Charakter gemahnte der „E" jedoch eher an den gemütlicheren 911 T.

Porsche 911 T, 911 E, 911 S (E- und F-Serie)

Baujahr	1971-1973
Motor-Bauart	Sechszylinder (Boxer)
Hubraum (cm³)	2341
Leistung (PS/U/min)	130 bei 5600 bis 190 bei 6500
Vmax in (km/h)	200 bis 230
Bauart	Coupé, Targa
Produktionszahl	k.A.

Nach gleicher Nomenklatur verfuhren die Stuttgarter mit der nächsten 911-Generation, die zwischen 1971 und 1973 bei den Händlern bestellt werden konnte. Die E-Serie sowie die später mit geringen Modifikationen bedachte F-Serie erhielten beide einen 2341 cm³ großen Motor in drei unterschiedlichen Leistungskategorien. Der damit einhergehende Pferdestärkenzuwachs sorgte dafür, dass der 190 PS starke 911 S im Jahre 1972 das schnellste in Deutschland gebaute Serienfahrzeug war.

Porsche 911 Carrera RS

Dieses Basisfahrzeug für den Motorsporteinsatz gedachte Modell aus dem Jahre 1972 kann als die Quintessenz des klassischen Porsche- und des 911-Konzepts gelten: Eine reine Fahrmaschine, reduziert aufs Wesentliche, mit geringem Gewicht und dafür umso mehr Leistung. 210 PS aus 2,7 Litern Hubraum waren eine explosive Mischung im unruhigen Elfer-Heck. Der epochemachende Heckspoiler, Bürzel genannt, und die Kriegsbemalung ließen auch von außen keinen Zweifel an der Zweckbestimmung des RS aufkommen.

Baujahr	1972-1975
Motor-Bauart	Sechszylinder (Boxer)
Hubraum (cm³)	2687
Leistung (PS/U/min)	210 bei 6300
Vmax in (km/h)	240
Bauart	Coupé
Produktionszahl	1590

Porsche 911, 911 S, Carrera (G-und I-Modell)

Für das Modelljahr 1974 brachte Porsche eine gründlich überarbeitete Facelift-Version des 911 an den Start. Das markanteste Merkmal des neuen Modells der G-Serie waren die wuchtigen Faltenbalg-Stoßstangen, die ein Zugeständnis an die strengen Sicherheitsbestimmungen in den USA darstellten, dem wichtigsten Exportmarkt der Stuttgarter. Die Kunden konnten wählen zwischen einem 150-PS-Basismodell, der 25 PS stärkeren S-Version und dem 210 PS leistenden Top-Modell namens Carrera. Die feuerverzinkte Karosserie, eine Pioniertat von Porsche, gehörte erst ab dem Jahr 1975 bei allen Elfern zur Serienausstattung.

Baujahr	1973-1977
Motor-Bauart	Sechszylinder (Boxer)
Hubraum (cm³)	2687, 2993
Leistung (PS/U/min)	150 bei 5700 bis 200 bei 6000
Vmax in (km/h)	205 bis 235
Bauart	Coupé, Targa
Produktionszahl	k.A.

Porsche turbo

Das Jahr 1975 brachte einen neuen Höhepunkt in der Geschichte des ultimativen Heckmotor-Sportwagens: Der Porsche turbo betrat die Bühne. Durch die Einführung des im Rennsport erprobten Turboladers in die Serienfahrzeugproduktion wurde aus einem normalen Dreiliter-Carrera ein wahres Monster. Mit seinen zunächst 260 PS katapultierte sich der Turbo zumindest in der Beschleunigung auf eine Ebene mit den schnellsten Ferrari- und Lamborghini-Modellen. Die faszinierende Kraftentfaltung wurde zur Legende.

Baujahr	1975-1989
Motor-Bauart	Sechszylinder (Boxer)
Hubraum (cm³)	2993, 3299
Leistung (PS/U/min)	250 bei 5500 bis 300 bei 5500
Vmax in (km/h)	220 bis 270
Bauart	Coupé, Cabriolet
Produktionszahl	20.652

Porsche 924, 924 Turbo

Trotz großer Verkaufserfolge könnte man mit einigem Recht behaupten, dass mit der Markteinführung des 924 die bis dahin schwierigste Phase des Unternehmens Porsche begann. In der Nachbetrachtung beschädigte er zeitweilig den Ruf der Zuffenhausener Marke. Weder die etwas anfälligen und durstigen Turbo-Versionen noch die mit dem 924 S vorgenommene Ablösung des rau laufenden Einspritz-Vierzylinders durch den von Porsche selbst konstruierten 944-Motor im Jahre 1985 konnten verhindern, dass sich das Frontmotorkonzept letztlich als Sackgasse erwies.

Baujahr	1976-1985
Motor-Bauart	Vierzylinder (Reihe)
Hubraum (cm³)	1984
Leistung (PS/U/min)	125 bei 5800 bis 177 bei 5500
Vmax in (km/h)	195 bis 230
Bauart	Coupé
Produktionszahl	k.A.

Porsche 911 SC (K-Modell)

Baujahr	1977-1983
Motor-Bauart	Sechszylinder (Boxer)
Hubraum (cm³)	2994
Leistung (PS/U/min)	180 bei 5500 bis 204 bei 5900
Vmax in (km/h)	225 bis 235
Bauart	Coupé, Targa, Cabriolet
Produktionszahl	57.972

Eigentlich war der 911 Ende der siebziger Jahre schon todgeweiht – die technisch etwas anachronistische Sportwagenlegende schien am Ende ihres Lebenszyklus angekommen zu sein. In Fahrzeugen wie dem 928 sollte die Zukunft von Porsche liegen. So zeigte sich die 1977 auf den Markt gekommene SC-Version des 911 weichgespült und durstig. Mit nur noch 180 abgasgereinigten PS aus dem Dreiliter-Sechszylinder war kaum mehr Staat zu machen. Aber Porsche besann sich in den Folgejahren eines Besseren und gönnte dem SC weitere Entwicklungsschritte, die ihn wieder bis auf 204 PS erstarken ließen. Alle Autofans wissen, wie es weiterging: der Elfer ist immer noch unter uns und stärker denn je, an den 928 erinnert sich dagegen kaum mehr jemand.

Porsche 928, 928 S

Baujahr	1977-1986
Motor-Bauart	V8
Hubraum (cm³)	4474, 4664
Leistung (PS/U/min)	240 bei 5250 bis 310 bei 5900
Vmax in (km/h)	225 bis 255
Bauart	Coupé
Produktionszahl	k.A.

Nur ein Jahr nach dem 924, an dem die gusseisernen Porsche-, d.h. 911-Fans schon viel zu knabbern hatten, der aber insgesamt ein Erfolg für die Marke wurde, präsentierten die Zuffenhausener den 928, ein sportliches Langstrecken-Coupé mit wassergekühltem, 4,5 Liter großem Frontmotor-V8 und innovativen Karosserielinien. Unter der seinerzeitigen Firmenleitung schien das Ende des 911 beschlossene Sache zu sein und die Zukunft in solchen für modern gehaltenen Fahrzeugkonzepten zu liegen. Technisch und fahrdynamisch war der 2+2-sitzige Sportwagen zweifellos eine Offenbarung, aber er polarisierte enorm. Diejenigen, die ihn letztlich kauften, waren begeistert, für viele andere Porsche-Fans und potenzielle Kunden war und blieb er letztlich ein rotes Tuch.

Porsche 924 Carrera GT, 924 Carrera GTS, 924 Carrera GTR

Baujahr	1980-1981
Motor-Bauart	Vierzylinder (Reihe)
Hubraum (cm³)	1984
Leistung (PS/U/min)	210 bei 6000 bis 280 bei k.A.
Vmax in (km/h)	240 bis 270
Bauart	Coupé
Produktionszahl	450

Um auch mit dem 924 im internationalen Motorsport mitmischen zu können legte Porsche im Jahr 1980 eine Sonderserie extrem rennorientierter Versionen des Turbo-Modells auf. Der Carrera GT präsentierte sich in etwas martialischer Optik mit aufgesetzten Kotflügelverbreiterungen und auf die Motorhaube platzierter Lufthutze. Mit 210 PS Leistung drang er in die Fahrleistungsbereiche der seinerzeitigen 911er vor. Noch besser freilich konnten es die kaum mehr straßentauglichen Varianten GTS und GTR, deren aufgeladene Vierzylinder stramme 280 PS bereit stellten. Von diesen wurden insgesamt nur 50 Exemplare hergestellt.

Porsche 911 Carrera (3,2 Liter)

Baujahr	1983-1989
Motor-Bauart	Sechszylinder (Boxer)
Hubraum (cm³)	3164
Leistung (PS/U/min)	231 bei 5900 (mit Kat: 207 bei 5900 und 217 bei 5900)
Vmax in (km/h)	235 bis 245
Bauart	Coupé, Targa, Cabriolet
Produktionszahl	49.629

Unter der seit 1981 neuen Firmenleitung wurde nun wieder gezielt der klassische Porsche schlechthin gepflegt statt ihn dahinsiechen zu lassen. Mit dem 1983 eingeführten Carrera (3,2) erlebte der Elfer einen neuen Frühling. Stärkere Motoren, ein neues Getriebe sowie die Einführung eines Vollcabriolets, das sich so viele jahrelang ersehnt hatten, gaben ihm einen gewaltigen Schub.

S GO 171
S GO 118

S GO 1004
S GO 1014
S GO 1053

Porsche 944, 944 Turbo, 944 S, 944 S2

Baujahr	1981-1991
Motor-Bauart	Vierzylinder (Reihe)
Hubraum (cm³)	2479, 2681, 2990
Leistung (PS/U/min)	163 bei 5800 bis 250 bei 6000
Vmax in (km/h)	233 bis 240
Bauart	Coupé, Cabriolet
Produktionszahl	k.A.

Nachdem die Absatzzahlen des 924 mittlerweile erheblich abgesackt waren, brachte Porsche 1981 mit dem 944 ein Fahrzeug auf den Markt, das die Handschrift der Zuffenhausener wieder deutlicher zeigte. Zwar hatte das Geld für eine komplett neue Karosserie gefehlt, aber die vorgenommenen optischen Retuschen und vor allem der brandneue Porsche eigene Vierzylinder setzten eine Menge positive Akzente. 1984 reichte man – wie erwartet – eine Turbo-Version mit zunächst 220, später 250 PS nach. Mit auf 2,7 Liter vergrößertem sowie mit einem Vierventil-Zylinderkopf versehenen Triebwerk und 190 PS kam 1986 der 944 S in die Verkaufsräume, der 1988 wiederum vom S2 abgelöst wurde, dessen Motor volle drei Liter Hubraum aufwies und 211 PS leistete.

Porsche 959

Baujahr	1986-1988
Motor-Bauart	Sechszylinder (Boxer)
Hubraum (cm³)	2850
Leistung (PS/U/min)	450 bei 6500
Vmax in (km/h)	315
Bauart	Coupé
Produktionszahl	283

Die Zuffenhausener begannen in den späten achtziger Jahren wieder an Stärke zu gewinnen und vor allem wieder ihren Weg zu erkennen. Das zeigte der 1986 vorgestellte 959, ein geniales High-tech-Monster, das alles an hochgestochener Automobiltechnik an Bord hatte, was vor gut 20 Jahren machbar war. Ursprünglich als limitiert aufgelegtes Basisfahrzeug für den Motorsport gedacht, wurde der 959 schließlich zu einem Technologie- und Imageträger für Porsche, den sich Superreiche auch in die Garage stellen konnten. Mit zwei Turboladern leistete der knapp 2,9 Liter große Sechszylinder-Boxermotor 450 PS, permanenter Allradantrieb und Sechsganggetriebe rundeten die Spezifikation des auch optisch spektakulär in Szene gesetzten Über-Autos ab.

Porsche 968 Coupé, 968 CS Coupé, 968 Cabriolet, 968 Turbo S

In der Porsche-Kasse herrschte zu Beginn der neunziger Jahre beängstigende Ebbe. Der 911 war zwar zum Glück wiederbelebt und verkaufte sich recht gut, die Vier- und Achtzylinder-Baureihen schienen jedoch keine wirkliche Zukunft zu haben. Mit dem 968 kam Ende 1991 noch einmal ein neuer Aufguss des 944-Themas, diesmal mit einem auf sagenhafte 3 Liter Hubraum gebrachten Vierzylinder und 240 PS. Trotz mancher optischer Retuschen an Front und Heck kam der 968 auf den ersten Blick immer noch daher wie ein 924, der für Porsches Image nicht nur Gutes getan hatte. Technisch lagen mittlerweile jedoch Welten zwischen beiden Typen, vor allem aber preislich: Um die 100.000 Mark musste bezahlen, wer ein 968 Coupé oder das später nachgeschobene hübschere Cabrio erstehen wollte.

Baujahr	1992-1995
Motor-Bauart	Vierzylinder (Reihe)
Hubraum (cm³)	2990
Leistung (PS/U/min)	240 bei 6200
Vmax in (km/h)	240
Bauart	Coupé, Cabrio
Produktionszahl	k.A.

Porsche 911 RS 3.8 Coupé (964)

Baujahr	1989-1993
Motor-Bauart	Sechszylinder (Boxer)
Hubraum (cm³)	3746
Leistung (PS/U/min)	300 bei 6500
Vmax in (km/h)	270
Bauart	Coupé
Produktionszahl	k.A.

Der 911 mit dem Typcode 964 war von 1988 bis 1994 auf dem Markt und stellte den letzten Elfer in klassischer Optik dar. Porsche hatte nach einer tiefgehenden Sinn- und auch Absatzkrise mit ihm wieder zum 911 zurückgefunden, der nur wenige Jahre zuvor schon zum Auslaufmodell erklärt worden war. Mit dem nun 3,8 Liter großen, luftgekühlten Sechszylinder-Boxermotor und um 300 kg gewichtsreduziert rief die 300 PS starke Sportversion Carrera RS lebhafte Erinnerungen an den alten Carrera RS 2,7 hervor. Mit knallhartem Fahrwerk und auf Wunsch sogar ohne Geräuschdämmung im spartanischen Innenraum zelebrierte der RS zur Freude der Fans endlich wieder die reine Lehre des Sportwagenbaus.

Porsche 911 GT2 (996)

Ende 2000 begeisterte Porsche die Automobilwelt mit einer betont sportlichen und leistungsstarken Version des seinerzeitigen 911 turbo mit dem Typcode 996. Eine Leistungssteigerung des aufgeladenen Sechszylinder-Triebwerks auf zunächst 462 PS und fahrwerkstechnische Anleihen im Motorsport machten den äußerlich kaum veränderten GT2 noch einmal deutlich fahraktiver als den regulären Turbo. Bereits 2003 folgte eine umfangreiche Modellpflege, die sich beim GT2 vor allem als neuerliche Kraftkur darstellte. Deren Ergebnis waren 483 PS, was in Kombination mit einer Gewichtsreduzierung auf unter 1500 kg für phänomenale Fahrleistungen sorgte: Die Höchstgeschwindigkeit des GT2 betrug offiziell 319 km/h!

Baujahr	2000-2003
Motor-Bauart	Sechszylinder (Boxer)
Hubraum (cm³)	3600
Leistung (PS/U/min)	462 bei 6000
Vmax in (km/h)	315
Bauart	Coupé
Produktionszahl	k.A:

Porsche Carrera GT

Baujahr	2003-2006
Motor-Bauart	V10
Hubraum (cm³)	5733
Leistung (PS/U/min)	612 bei 8000
Vmax in (km/h)	330
Bauart	Roadster
Produktionszahl	k.A.

Die Zuffenhausener Sportwagenbauer fühlten sich 2003 veranlasst, ihre ganze Technikkompetenz in einen ungemein faszinierenden, wenn auch weitgehend zweckfreien Supersportwagen einfließen zu lassen. Das Sahnestück namens Carrera GT besaß alles, was gut und teuer war: ein aus kohlefaserverstärktem Kunststoff gefertigtes Chassis, einen für den Rennsport konzipierten 5,7-Liter-V10-Motor und eine hinreißend geformte Roadster-Karosserie mit herausnehmbaren Dachteilen. Das 612 PS starke Triebwerk vermittelte im unter 1400 kg wiegenden Carrera GT reine Rennatmosphäre, vom unglaublichen Sound bis zu den atemberaubenden Fahrleistungen mit einer Höchstgeschwindigkeit jenseits von 330 km/h.

Porsche Boxster (986)

In der Geschichte des Hauses Porsche kommt dem Boxster ganz besonderer Rang zu. Nach dem Ende der letztlich kaum mehr verkäuflichen Vier- und Achtzylinder-Baureihen mit Frontmotor (944 S2, 968, 928) und der anschließenden risikoreichen 911-Monokultur kam 1996 mit dem Boxster der Befreiungsschlag aus der Firmenkrise. Ein nach historischen Vorbildern gestylter Mittelmotor-Roadster mit 2,5 Liter großem wassergekühltem Boxer-V6 – preislich klar unterhalb des 911 positioniert – war genau das Auto, das Porsche brauchte. Es wurde ein sofortiger Verkaufshit und überzeugte mit seinen Fähigkeiten ein weltweites Publikum. Bis heute spielt der Boxster – mannigfach modellgepflegt – erfolgreich die Rolle als Einsteigermodell in die Porsche Welt.

Baujahr	2003-2006
Motor-Bauart	Sechszylinder (Boxer)
Hubraum (cm³)	2480 bis 2687
Leistung (PS/U/min)	204 bei 6000 bis 252 bei 6250
Vmax in (km/h)	225 bis 245
Bauart	Cabrio
Produktionszahl	k.A.

Porsche Cayman

Baujahr	seit 2003
Motor-Bauart	Sechszylinder (Boxer)
Hubraum (cm³)	2687 bis 3436
Leistung (PS/U/min)	245 bei 6500 bis 320 bei 7200
Vmax in (km/h)	240 bis 265
Bauart	Coupé
Produktionszahl	k.A.

Seit 2003 produziert Porsche das Mittelmotor-Coupé Cayman. Es basiert auf dem Boxster, ist aber insgesamt sportlicher ausgelegt und liegt in der Modellhierarchie über ihm. Im Lauf der Jahre hat sich der Cayman mit seinem hochmodernen Konzept und in der Spitzenversion mittlerweile 320 PS zu einer kompakteren, fahraktiveren Alternative zum klassischen 911 etabliert. Mit praktischer Heckklappe und angemessenem Platzangebot weiß er überdies im Alltag zu überzeugen. Die Unterschiede in den erreichbaren Fahrleistungen zwischen Cayman und 911 sind ebenfalls kaum mehr vorhanden – ganz im Gegensatz zum Einstandspreis: ein Cayman S ist über 30.000 Euro billiger zu haben.

Porsche Cayenne

Baujahr	seit 2003
Motor-Bauart	V6, V8
Hubraum (cm³)	2967 bis 4806
Leistung (PS/U/min)	240 bei 6000 bis 550 bei 6000
Vmax in (km/h)	220 bis 250
Bauart	Kombi (5-türig)
Produktionszahl	k.A.

Auch Porsche konnte und wollte sich nicht dem seit Beginn des neuen Jahrtausends entwickelnden weltweiten Boom der sogenannten SUV-Fahrzeuge verschließen. Der Ende 2002 präsentierte Cayenne eröffnete eine dritte höchst erfolgreiche Modelllinie der Marke und betonte die sportliche Seite des SUV-Angebots. Technisch gesehen war der Cayenne – wie sein ein Jahr später auf den Markt gekommener Bruder VW Touareg – ein echter Alleskönner. Hoch entwickelte Fahrwerks- und Allradtechnologie machten ihn auf der Straße wie im Gelände zu einem Ausnahmeautomobil. Zum Marktstart war er mit einem 3,2 Liter großen V6 sowie alternativ mit einem 4,5 Liter großen V8 als Sauger oder Turbomotor zu haben. Ganz aktuell ist er auch mit einen 240 PS starken Dreiliter-V6-Diesel erhältlich.

Porsche 911 GT3 (997)

Entsprechend den Regularien im internationalen GT-Motorsport brachte Porsche – wie bereits bei der Vorgängerserie – auch für den 911 der 997er Serie ein kompromissloses Sportgerät mit dem Namenszusatz GT3 heraus. Es stand in der Traditionslinie des legendären RS 2,7 aus den frühen siebziger Jahren und verfügte aus Gewichtsgründen nur über eine massiv abgespeckte, Komfortansprüche kaum berücksichtigende Ausstattung. Der 3,6-Liter-Saugmotor zeigte sich auf gewaltige 415 PS leistungsgesteigert. Modernste elektronisch gesteuerte Fahrwerkskomponenten hielten dabei das rennwagenartige Fahrleistungspotenzial des GT3 im Zaum.

Baujahr	seit 2006
Motor-Bauart	Sechszylinder (Boxer)
Hubraum (cm³)	3600
Leistung (PS/U/min)	415 bei 7600
Vmax in (km/h)	300
Bauart	Coupé
Produktionszahl	k.A.

Porsche 911 Turbo (997)

Baujahr	seit 2006
Motor-Bauart	Sechszylinder (Boxer)
Hubraum (cm³)	3600
Leistung (PS/U/min)	480 bei 6000
Vmax in (km/h)	310
Bauart	Coupé
Produktionszahl	k.A.

Die deutsche Sportwagen-Ikone schlechthin fasziniert die Autoliebhaber nun schon seit über 30 Jahren. Mit Hilfe eines Turboladers für seinen Sechszylinder-Boxermotor hatte sich der 911 Mitte der siebziger Jahre in die Topliga der absoluten Hochleistungs-Sportwagen katapultiert, freilich ohne deren Empfindlichkeit und sehr beschränkte Alltagstauglichkeit an den Tag zu legen. Bis heute hat sich daran nichts geändert. Der aktuelle Turbo leistet 480 PS, die über alle vier Räder auf die Straße gebracht werden. Dank der Effizienz seines 3,6 Liter großen Sechszylinder-Triebwerks benötigt er keine PS-Exzesse, um zu den schnellsten Autos der Welt zu gehören. Kurzum: Der Turbo schwebt früher wie heute einsam über allen Wettbewerbern.

Porsche Panamera

Neben 911, Boxster, Cayman und Cayenne legt Porsche 2009 mit dem Panamera eine vierte Modelllinie auf Kiel. Mit diesem Fahrzeug entert Porsche erstmals den Markt klassischer viertüriger Limousinen. Technisch bedient sich der Panamera vornehmlich der Komponenten des Cayenne, so zum Beispiel dessen Motorenpalette, die sich vom V6- bis zum turbogeladenen V8-Triebwerk spannt. Optisch zeigt er eine gelungene Mischung aus Gestaltungselementen des 911 und des Cayenne, die für eine hohe Familienähnlichkeit sorgt.

Baujahr	seit 2009
Motor-Bauart	V6, V8
Hubraum (cm³)	3598 bis 4806
Leistung (PS/U/min)	ca. 290 bei 6200 bis ca. 550 bei 6000
Vmax in (km/h)	260 bis 310
Bauart	Coupé (4-türig)
Produktionszahl	k.A.

Rometsch-VW

Seit Anfang der 50er Jahre konnte man bei der alteingesessenen Berliner Karosseriebaufirma Rometsch schicke, dem Zeitgeschmack entsprechende Coupé- und vor allem Cabrioletkarossen auf der Käfer-Bodengruppe erwerben. An das Basisfahrzeug erinnerte bei den Rometsch-Schöpfungen außer dem Motorklang und den bescheidenen Fahrleistungen nichts mehr. Preiswert war diese Art des Autokonsums natürlich nicht – und konnte es auch nicht sein, denn die Rometsch-VW wurden vollständig in Handarbeit hergestellt.

Baujahr	1950-1961
Motor-Bauart	Vierzylinder (Reihe)
Hubraum (cm³)	1192
Leistung (PS/U/min)	30 bei 3400
Vmax in (km/h)	120
Bauart	Coupé, Cabriolet
Produktionszahl	ca. 500

Trabant 500, 600, 601

Unter der Bezeichnung P 50 startete der Trabant Mitte 1958 seine über 30 Jahre währende Karriere. In jener Epoche Ende der fünfziger Jahre galt das Konzept eines frontgetriebenen Zweitakters durchaus noch als modern. Als Anfang 1963 die Ablösung durch den 600 kam, war das schon nicht mehr der Fall und schon gar nicht mehr, als 1964 der 601 kam. Immerhin zeigte der eine neu gestaltete Karosserie. Das Ende für den klassischen Trabant mit Zweitaktmotor kam im Juli 1990.

Baujahr	1958-1990
Motor-Bauart	Zweizylinder-Zweitaktmotor
Hubraum (cm³)	500, 595
Leistung (PS/U/min)	18 bei 3750 bis 26 bei 4200
Vmax in (km/h)	90 bis 110
Bauart	Limousine (2-türig), Kombi (3-türig)
Produktionszahl	ca. 3,088 Mio

Dyna-Veritas

Das Kleinwagen-Konzept des Veritas-Gründers Ernst Loof war nicht weniger intelligent und exotisch als seine großen Sport- und Rennwagen. Ausgerüstet mit dem berühmten, nur 750 cm³ großen Panhard-Zweizylinder-Boxermotor aus Frankreich und einer bildschönen Karosserie von Baur in Stuttgart, sollte der Dyna-Veritas das Überleben der Marke sichern – was leider nicht gelang. Schon nach 170 Exemplaren war Schluss, aber zu diesem Zeitpunkt hatte Loof schon längst das Handtuch werfen müssen, und die Produktion des Dyna-Veritas war an eine andere Firma übergegangen.

Baujahr	1950-1952
Motor-Bauart	Zweizylinder (Boxer)
Hubraum (cm³)	744
Leistung (PS/U/min)	32 bei 5000
Vmax in (km/h)	115
Bauart	Cabriolet
Produktionszahl	176

Veritas Saturn, Scorpion, Comet und Comet S

Baujahr	1950
Motor-Bauart	Sechszylinder (Reihe)
Hubraum (cm³)	1988
Leistung (PS/U/min)	100 bei 5000
Vmax in (km/h)	165
Bauart	Coupé, Cabriolet
Produktionszahl	k.A.

Nicht nur hochgezüchtete Rennsportwagen hatten es Ernst Loof angetan, auch für den normalen Straßenbetrieb stellte er, wenn auch in geringster Stückzahl, edle Sportcoupés und Cabriolets her. Auch hier stammte die technische Basis von den BMW-Vorkriegssportwagen. Individuell gestaltete Karosserien verliehen den Veritas-Fahrzeugen ein charakteristisches Erscheinungsbild. Allerdings konnte sich kaum fünf Jahre nach Kriegsende kaum einer Loofs exquisite Straßenmodelle leisten.

Victoria Spatz 200, Victoria 250

Egon Brütsch, unter den Konstrukteuren deutscher Nachkriegs-Kleinstwagen kein Unbekannter, hatte wieder zugeschlagen. Sein „Spatz" fand nach gezielter Weiterentwicklung sogar in die Serienfertigung, unter anderem beim Motorradhersteller Victoria. Der adrette Roadster war schwach motorisiert und bot kaum Wetterschutz, was aber bei der bisher motorradfahrenden Spatz-Kundschaft nicht sehr ins Gewicht gefallen sein dürfte. Eher störte da seine unschöne Neigung zur Selbstentzündung, wenn es dem kleinen Einzylinder-Zweitakter im Heck zu heiß wurde.

Baujahr	1956-1958
Motor-Bauart	Einzylinder-Zweitaktmotor
Hubraum (cm³)	191, 248
Leistung (PS/U/min)	10,2 bei 5250 bis 14,0 bei 5200
Vmax in (km/h)	75 bis 95
Bauart	Roadster
Produktionszahl	1588

Volkswagen Standard und Export

Die Nachkriegspremiere des Käfers fand bereits 1945 inmitten der notdürftig beiseite geräumten Schuttberge des Wolfsburger Werks statt. Zunächst war fünf Jahre lang nur der Standard-Käfer lieferbar, karg ausgestattet und mit dem 1131 cm³ großen, 25 PS leistenden Boxermotor versehen. Als sich die mitunter sehr schwierige Versorgungslage etwas gebessert hatte, kam das Modell Export hinzu, das mit ein wenig glänzendem Chrombesatz und optimierter Ausstattung die langsam besser werdenden Zeiten dokumentierte. Wegen der charakteristischen Form ihres Heckfensters bekamen die Ur-Käfer schnell den Kosenamen „Brezelfenster".

Baujahr	1945-1953
Motor-Bauart	Vierzylinder (Boxer)
Hubraum (cm³)	1131
Leistung (PS/U/min)	25 bei 3300
Vmax in (km/h)	105
Bauart	Limousine (2-türig)
Produktionszahl	ca. 400.000

1966
60

Volkswagen Hebmüller Cabriolet

Dieser schöne Rücken kann noch heute entzücken. Hebmüllers zweisitzige Cabriolet-Interpretation des Käfers hat echten Raritätenwert. Insgesamt weniger als 700 Stück wurden bei Hebmüller und später bei Karmann gefertigt. Bei aller überzeugenden Optik, besonders ohne den riesigen Verdeckrucksack des Normal-Cabrios, war wohl der schlechtere Nutzwert des Hebmüller und sein hoher Preis der potenziellen Käuferschaft ein Dorn im Auge.

Baujahr	1949-1953
Motor-Bauart	Vierzylinder (Boxer)
Hubraum (cm³)	1131, 1192
Leistung (PS/U/min)	25 bei 3300 bis 30 bei 3400
Vmax in (km/h)	105 bis 115
Bauart	Cabriolet
Produktionszahl	696

Volkswagen Cabriolet

Baujahr	1949-1970
Motor-Bauart	Vierzylinder (Boxer)
Hubraum (cm³)	1131, 1192, 1285
Leistung (PS/U/min)	25 bei 3300 bis 40 bei 4000
Vmax in (km/h)	105 bis 135
Bauart	Cabriolet
Produktionszahl	k.A.

Einen Kultstatus besonderer Art genießt das Käfer Cabrio. Dabei sind es nicht allein die alten Modelle, die eine ganz spezielle Ausstrahlung haben. Technisch unterschieden sich antike und modernere Modelle nie von ihren geschlossenen Brüdern, doch kam mit der Zeit das spezielle Cabrio-Feeling beim zum technischen Anachronismus gewordenen Käfer besonders gut zur Geltung.

Volkswagen Bus T1 („Bulli")

Eine Erfolgsgeschichte besonderer Art schrieb der VW-Bus, gerne auch „Bulli" genannt. Auf technischer Basis des Käfers rollten 1950 die ersten Busse und Transporter der T1-Serie auf die Straßen. Sie motorisierten im Nachkriegsdeutschland das wieder auferstehende Kleingewerbe und all jene, die besondere Transportaufgaben hatten. Robuste Mechanik und die Vielfalt lieferbarer Aufbauvarianten machte sie schier unentbehrlich und zu einem ungeheuren Markterfolg. Bereits 1962 hatte Volkswagen die erste Bulli-Million vollgemacht. Bis zum Produktionsende 1967 kamen noch einmal rund 800.000 Exemplare dazu.

Baujahr	1950-1967
Motor-Bauart	Vierzylinder (Boxer)
Hubraum (cm³)	1131, 1192
Leistung (PS/U/min)	25 bei 3300 bis 44 bei 4000
Vmax in (km/h)	80 bis 100
Bauart	Kleinbus
Produktionszahl	1,85 Mio

Volkswagen 1200

Baujahr	1953-1957
Motor-Bauart	Vierzylinder (Boxer)
Hubraum (cm³)	1192
Leistung (PS/U/min)	30 bei 3400
Vmax in (km/h)	110
Bauart	Limousine (2-türig)
Produktionszahl	ca. 1,2 Mio

Dem Brezelfenster- folgte der Ovalfenster-Käfer. Erste umfangreichere Modellpflegemaßnahmen ließ Volkswagen seinem Superseller während der Ovali-Ära angedeihen: größerer Hubraum, mehr Leistung, Doppelrohrauspuff und Anderes. Die Produktion stieg – die Preise sanken: Der Käfer ließ der Konkurrenz in seiner Klasse kaum Luft zum Atmen, zu überzeugend war sein Preis-/Leistungsverhältnis.

Volkswagen Karmann Ghia Coupé und Cabrio (Typ 14)

Baujahr	1955-1974
Motor-Bauart	Vierzylinder (Boxer)
Hubraum (cm³)	1192, 1285, 1493, 1584
Leistung (PS/U/min)	30 bei 3400 bis 50 bei 4000
Vmax in (km/h)	118 bis 140
Bauart	Coupé, Cabriolet
Produktionszahl	443.482

Sportliche Linienführung mit anspruchsloser Serientechnik zu kombinieren, war im Falle des Karmann-Ghia eine ausgesprochen erfolgreiche Idee. Vom italienischen Karosserieschneider Ghia gezeichnet und bei Karmann gebaut, bekam der etwas speziellere VW-Kunde mit dem Coupé, was er wollte: schicke Optik und ein verlässliches Technikpaket. Nicht zuletzt die autofahrende Damenwelt mochte den Sport-VW, der es als Coupé und Cabrio in fast 20 Produktionsjahren auf rund 450.000 gebaute Exemplare brachte.

Volkswagen 1200

Baujahr	1957-1973
Motor-Bauart	Vierzylinder (Boxer)
Hubraum (cm³)	1192
Leistung (PS/U/min)	30 bei 3400 bis 34 bei 3600
Vmax in (km/h)	110 bis 115
Bauart	Limousine (2-türig)
Produktionszahl	k.A.

1957 mutierte der Käfer äußerlich zum Archetyp des Wolfsburger Dauerläufers, der im Prinzip bis zum endgültigen Produktionsende Gültigkeit hatte. Eine größere Frontscheibe und das nunmehr rechteckige, große Heckfenster brachten endlich höhere Praxistauglichkeit. Gleiches lässt sich über den 1960 eingeführten 1200-cm³-Motor mit 34 PS sagen, der zusammen mit modifizierten Vorder- und Hinterachsaufhängungen gestiegenen Ansprüchen an die Fahrleistungen wie an die Fahrsicherheit Rechnung trug.

Volkswagen 1500, 1500 S (Typ 3)

Baujahr	1961-1965
Motor-Bauart	Vierzylinder (Boxer)
Hubraum (cm³)	1493, 1584
Leistung (PS/U/min)	45 bei 3800 bis 54 bei 4000
Vmax in (km/h)	130 bis 140
Bauart	Limousine (2-türig), Kombi (3-türig)
Produktionszahl	704.475

Der VW 1500 sollte mit seinem Erscheinen im Jahre 1961 den deutschen Wohlstandsbürger, der seine Käferzeiten nun endlich hinter sich lassen wollte, am Verlassen von VW-Ausstellungsräumen hindern – schließlich hatten die Wolfsburger bis dahin nichts als ihr Krabbeltier vorzuzeigen. Leider bot der „Typ 3" konzeptionell kaum Anderes: solide Technik, saubere Verarbeitung und ein verbessertes Raumangebot. Eines war dabei allerdings auf der Strecke geblieben: Käfers klassenloses Image.

Volkswagen Karmann Ghia Coupé (Typ 34)

Ein weiteres Beispiel dafür, dass sich gute Ideen nicht beliebig kopieren lassen, ist der „große" Karmann-Ghia. Auf Basis der Heckmotor-Limousinen vom Typ 1500 bzw. 1600 spekulierte man in Wolfsburg auf einen ähnlichen Verkaufsrenner wie ihn der kleine Karmann-Ghia darstellte. Ghias zweiter Design-Versuch ähnelte womöglich der biederen Ponton-Limousine zu sehr und die großen Boxer-Vierzylinder rissen mit ihren beträchtlichen Benzinverbräuchen auch niemanden vom Stuhl. Das Ergebnis: Nicht einmal 43.000 Exemplare des „Typ 34" wurden in acht Produktionsjahren hergestellt.

Baujahr	1961-1969
Motor-Bauart	Vierzylinder (Boxer)
Hubraum (cm³)	1493, 1584
Leistung (PS/U/min)	45 bei 3800 bis 54 bei 4000
Vmax in (km/h)	135 bis 150
Bauart	Coupé
Produktionszahl	42.505

Volkswagen 1300 und 1500

Baujahr	1965-1973
Motor-Bauart	Vierzylinder (Boxer)
Hubraum (cm³)	1285, 1493
Leistung (PS/U/min)	40 bei 4000 bis 44 bei 4000
Vmax in (km/h)	120 bis 130
Bauart	Limousine (2-türig)
Produktionszahl	k.A.

Die ersten Käfer mit Muskeln kamen 1965 bzw. 1966 auf den Markt. Mittlerweile hatte es der Wolfsburger Hecktriebler mit der Konkurrenz nämlich nicht mehr ganz so leicht wie früher. Also mussten Pferdestärken her. 40 PS aus 1,3 Litern und gar 44 PS aus 1,5 Litern Hubraum sollten verlorengegangenes Terrain wieder zurückgewinnen. Das gelang nicht so recht: Der Käfer wurde zum Spritschlucker, und von der legendären Dauerhaltbarkeit des luftgekühlten Vierzylinder-Boxers blieb auch nicht mehr viel, wenn man ordentlich Zunder gab.

Volkswagen 1600 A, L/LE, TL/TLE, Variant (Typ 3)

Baujahr	1965-1973
Motor-Bauart	Vierzylinder (Boxer)
Hubraum (cm³)	1493, 1584
Leistung (PS/U/min)	45 bei 3800 bis 54 bei 4000
Vmax in (km/h)	125 bis 135
Bauart	Limousine (2-türig), Kombi (3-türig)
Produktionszahl	1.837.584

Aus dem 1961 vorgestellten VW 1500 wurde 1965 durch eine Hubraumerhöhung der 1600. Auch die mit der Aufstockung verbundene Leistungssteigerung um 9 auf 54 PS konnte jedoch nichts daran ändern, dass der deutsche Wohlstandsbürger sich immer seltener für einen VW der unteren Mittelklasse interessierte. Zwar bot das auch „Typ 3" genannte Modell solide Technik, saubere Verarbeitung und ein verbessertes Raumangebot, aber letztlich blieb es dem kaum mehr zeitgemäßen Käfer-Konzept verhaftet. Einheimische und internationale Wettbewerber der unteren Mittelklasse waren moderner unterwegs und machten unter diesen Umständen Boden, d.h. Marktanteile gut. Einziger Lichtblick des Typ 3 blieb die 1968 im 1600 LE erstmals im Serienbau eingeführte elektronisch gesteuerte Benzineinspritzung vom Typ Bosch D-Jetronic.

Volkswagen Bus T2

Baujahr	1967-1979
Motor-Bauart	Vierzylinder (Boxer)
Hubraum (cm³)	1584, 1679, 1795, 1970
Leistung (PS/U/min)	47 bei 4000 bis 70 bei 4200
Vmax in (km/h)	100 bis 130
Bauart	Kleinbus
Produktionszahl	ca. 3 Mio

Die Zeiten und Anforderungen hatten sich geändert. VW reagierte darauf 1967 mit einer neuen Bulli-Generation, T2 genannt. Größer, mit modernisierter Linienführung, diversen technischen Verbesserungen und auf zunächst 1,6, später 1,7, 1,8 und schließlich 2 Liter vergrößertem Boxer-Triebwerk entsprach man den neuen Kundenbedürfnissen. Unverändert blieben die typischen Qualitäten des VW-Busses. Er überzeugte nach wie vor durch sein strapazierfähiges Wesen und seine Vielseitigkeit – kein Wunder, dass sich diese zweite Bulli-Generation rund 13 Jahre am Markt halten konnte.

Volkswagen 411 und 412

Baujahr	1968-1974
Motor-Bauart	Vierzylinder (Boxer)
Hubraum (cm³)	1679, 1795
Leistung (PS/U/min)	68 bei 4500 bis 85 bei 5000
Vmax in (km/h)	140 bis 160
Bauart	Limousine (2-/4-türig), Kombi (3-türig)
Produktionszahl	355.087

Der liebevoll-spöttisch „Nasenbär" genannte vergrößerte Nachfolger des „Typ 3" dokumentierte die ganze Rat- und Ideenlosigkeit der Wolfsburger Produktplaner Ende der 60er, Anfang der 70er Jahre. Wundersam proportioniert, mit Schrägheck, aber ohne Klappe, mit moderner Fahrwerksauslegung, aber noch mit Heckmotor, mit dem antiquierten luftgekühlten Boxermotor, dafür aber z. T. mit moderner Benzineinspritzung – behaftet mit solchen Widersprüchen taumelten der 411/412 und das Volkswagenwerk scheinbar dem Abgrund entgegen.

Volkswagen Kübel (Typ 181)

Baujahr	1969-1979
Motor-Bauart	Vierzylinder (Boxer)
Hubraum (cm³)	1493, 1584
Leistung (PS/U/min)	44 bei 3800 bis 48 bei 4000
Vmax in (km/h)	115 bis 120
Bauart	Cabriolet (4-türig)
Produktionszahl	90.883

Die Bundeswehr suchte in den 60er Jahren als Nachfolger für den DKW Munga ein ähnliches Fahrzeug und entschied sich für den VW 181, auch Kübelwagen genannt. 1969 kam er auf den Markt und war auch Zivilisten zugänglich. Ein perfektes Angebot für Autoliebhaber mit dem besonderen Geschmack: Styling null, Komfort null, Fahrleistungen null, aber jede Menge Frischluft um die Ohren und dazu noch begrenzte Qualitäten im Offroad-Einsatz. Im Heck pochte dabei das bekannte Käfer-Herz.

Volkswagen 1302 L, S, LS und 1303, A, L, S, LS

Baujahr	1970-1975
Motor-Bauart	Vierzylinder (Boxer)
Hubraum (cm³)	1192, 1285, 1584
Leistung (PS/U/min)	34 bei 3800, 44 bei 4100, 50 bei 4000
Vmax in (km/h)	115 bis 135
Bauart	Limousine (2-türig)
Produktionszahl	k.A.

Ein gut gemeinter und gut gemachter, aber letztlich vergeblicher Versuch, den Käfer in die Neuzeit zu katapultieren, waren die 02- und 03-Modelle. Mehr Radstand, zeitgemäße Vorder- und Hinterachskonstruktionen, Panorama-Windschutzscheibe (1303) und ein 50 PS starker 1,6-Liter-Motor machten die Neo-Käfer zwar zu den technisch besten ihrer Gattung, wirklich modern konzipierten Frontantriebsautos waren sie aber in allen Belangen hoffnungslos unterlegen.

Volkswagen K 70

Wie die Jungfrau zum Kinde kam VW 1970 zu seinem ersten zukunftsorientierten Auto, dem K70. Nach der Fusion von Auto Union und NSU, die beide wiederum von VW übernommen wurden, vereinnahmten die Wolfsburger kurzerhand die NSU-Konstruktion, und fortan schwebte der K70 völlig losgelöst über dem faden Einheitsbrei der VW-Modellpalette. Strenge, jedoch moderne Linienführung, ein wassergekühlter Vierzylinder-Reihenmotor mit obenliegender Nockenwelle und zwischen 75 und 100 PS, Frontantrieb – dieses Konzept zeigte, wohin der Weg ging.

Baujahr	1970-1975
Motor-Bauart	Vierzylinder (Reihe)
Hubraum (cm³)	1605, 1807
Leistung (PS/U/min)	75 bei 5200 bis 100 bei 5300
Vmax in (km/h)	148 bis 165
Bauart	Limousine (4-türig)
Produktionszahl	211.127

Volkswagen 1302/1303 Cabriolet

Einen Kultstatus besonderer Art genießt das Käfer Cabrio. Dabei sind es nicht allein die alten Modelle, die eine ganz spezielle Ausstrahlung haben, auch die 1980 eingestellten offenen 03-Modelle üben eine besondere Anziehungskraft aus. Technisch unterschieden sich antike und moderne Modelle nie von ihren geschlossenen Brüdern, doch kam mit der Zeit des spezielle Cabrio-Feeling beim zum technischen Anachronismus gewordenen Käfer besonders gut zur Geltung.

Baujahr	1970-1980
Motor-Bauart	Vierzylinder (Reihe)
Hubraum (cm³)	1285, 1584
Leistung (PS/U/min)	44 bei 4100 bis 50 bei 4000
Vmax in (km/h)	125 bis 132
Bauart	Cabriolet
Produktionszahl	155.000

Volkswagen Passat

Baujahr	1973-1980
Motor-Bauart	Vierzylinder (Reihe)
Hubraum (cm³)	1297, 1471, 1588
Leistung (PS/U/min)	55 bei 5500 bis 110 bei 6100
Vmax in (km/h)	140 bis 175
Bauart	Limousine (2-/4-türig), Kombi (3-/5-türig)
Produktionszahl	ca. 2 Mio

Volkswagens Krisenretter Nummer 1 war der Passat, der 1973, noch ein Jahr vor dem Golf, auf den Markt rollte. Endlich war Schluss mit den altbackenen Heckmotor-Modellen im Käfer-Stil. Hier kam eine neue zwei- und viertürige Schrägheck-Limousine, die auf dem bereits ein Jahr zuvor präsentierten Audi 80 basierte und den Stand der damaligen Automobiltechnik dokumentierte. Mit Frontantrieb und lebhaften Vierzylindern, die zum Serienstart wahlweise 55, 75 oder 85 PS bereitstellten, gelang der Neuanfang eindrucksvoll: Bis 1980 wurden rund 2 Millionen VW Passat gebaut.

Volkswagen Scirocco I

VWs sportlicher 2+2-Sitzer trug seinen Teil dazu bei, die Strukturkrise zu überwinden, die Anfang der 70er Jahre durch die Käfer-Monokultur in Wolfsburg tobte. Aber nicht nur das – er setzte auch die bieder konstruierten Konkurrenten von Opel und Ford unter enormen Wettbewerbsdruck. Kein Wunder, denn die technische Basis des Golf etablierte den Scirocco unter den weltweit modernsten Großserien-Coupés. Dass dessen Fahrleistungen sehr wohl das Prädikat sportlich verdienten war auch hier dem sensationellen 1,6-Liter-Einspritzaggregat zu verdanken, das für eine Spitze von rund 190 km/h sorgte.

Baujahr	1974-1981
Motor-Bauart	Vierzylinder (Reihe)
Hubraum (cm³)	1093, 1272, 1457, 1471, 1588
Leistung (PS/U/min)	50 bei 6000 bis 110 bei 6100
Vmax in (km/h)	145 bis 190
Bauart	Coupé
Produktionszahl	ca. 495.000

Volkswagen Golf I

Baujahr	1974-1983
Motor-Bauart	Vierzylinder (Reihe)
Hubraum (cm³)	1093, 1272, 1457, 1471, 1588, 1781
Leistung (PS/U/min)	50 bei 5000 bis 112 bei 5800
Vmax in (km/h)	135 bis 190
Bauart	Limousine (2-/5-türig)
Produktionszahl	ca. 6 Mio

Der Verkauf des Passat lief schon ausgezeichnet, als Volkswagen den eigentlichen Käfer-Nachfolger präsentierte. 1974 erblickte der Golf das Licht der Öffentlichkeit und man war sich in Wolfsburg keineswegs sicher, ob das neue Auto auch wirklich in die Fußstapfen des legendären Krabbeltieres treten konnte. An den technischen Gegebenheiten konnte es nicht liegen, denn mit quer eingebautem, wassergekühltem Frontmotor, einem guten Raumangebot, hohem Praxisnutzen und einer sympathischen Karosseriegestaltung waren alle Voraussetzungen geschaffen. Wie die Geschichte zeigte gelang es auch dem Golf, das berühmte klassenlose Image des Käfers für sich zu übernehmen und damit die eigentliche Grundlage für seinen ungeheuren Dauererfolg zu schaffen.

Volkswagen Polo (Typ 86)

Baujahr	1975-1981
Motor-Bauart	Vierzylinder (Reihe)
Hubraum (cm³)	771, 895, 1093
Leistung (PS/U/min)	34 bei 6000 bis 60 bei 6000
Vmax in (km/h)	125 bis 152
Bauart	Limousine (3-türig)
Produktionszahl	ca. 1,05 Mio

VW machte weiter Druck. Nach dem Golf besetzten die Wolfsburger mit dem adrett aussehenden Polo – dem Bruder des Audi 50 – das Marktsegment unterhalb des ein Jahr zuvor präsentierten neuen Erfolgsmodells. Preiswert, unterhaltsgünstig, praktisch und sparsam spielte der Polo seine Rolle als Einsteigermodell ausgezeichnet. Für den Käufer bedeutete dies aber auch Verzicht auf ein herzerwärmendes Ambiente und mit 40 PS äußerst dezente Fahrleistungen. Dies schien aber nicht sonderlich zu stören: Mehr als eine Million Polos rollten bis 1981 von den VW-Bändern.

Volkswagen Golf GTI I

Baujahr	1975-1983
Motor-Bauart	Vierzylinder (Reihe)
Hubraum (cm³)	1588, 1781
Leistung (PS/U/min)	110 bei 6100 bis 112 bei 5800
Vmax in (km/h)	183 bis 187
Bauart	Limousine (2-türig)
Produktionszahl	350.000

Der Golf GTI war Trendsetter einer ganz neuen Fahrzeugkategorie, nämlich jener der sportlichen Kompaktautos zum günstigen Preis. Hauptverantwortlich für den Erfolg speziell des GTI war natürlich sein 110-PS-Einspritzmotor mit 1,6 Litern Hubraum. Dessen Spritzigkeit gepaart mit geringem Verbrauch setzten in den 80er Jahren neue Maßstäbe. Schon seit Jahren haben die leichtgewichtigen GTI der ersten Serie mit den kleinen Stoßstangen einen Status als echte Automobilklassiker.

Volkswagen 1200 (bis 1978), 1200 L

Baujahr	1975-1985
Motor-Bauart	Vierzylinder (Boxer)
Hubraum (cm³)	1192
Leistung (PS/U/min)	34 bei 3800
Vmax in (km/h)	115
Bauart	Limousine (2-türig)
Produktionszahl	k.A.

Der absolute Schwanengesang des Käfers – zumindest was seine Erhältlichkeit über das VW-Vertriebsnetz auf dem deutschen Markt betraf – kam 1985. Erst 1985, ist man geneigt zu sagen, denn immerhin gab es rund elf Jahre lang genügend deutsche Kunden, die den antiquarischen Käfer einem modernen Golf vorzogen. Die nach dem Ende der deutschen Käfer-Produktion 1978 hierzulande vertriebenen Exemplare – allesamt mit 1,2-Triebwerk ausgerüstet – stammten aus Mexiko und unterschieden sich leicht von den Modellen deutscher Herkunft. Nach Ende des werksseitigen Angebots gab es für in der Wolle gefärbte Käfer-Fans nur noch die Möglichkeit, Mexiko-Käfer über freie Importeure zu beziehen.

Volkswagen Iltis

Baujahr	1978-1982
Motor-Bauart	Vierzylinder (Reihe)
Hubraum (cm³)	1695
Leistung (PS/U/min)	75 bei 5500
Vmax in (km/h)	130
Bauart	Cabriolet
Produktionszahl	9547

Schon optisch gemahnte der Iltis ein wenig an seinen Vorgänger, den DKW Munga. Wie jener sollte auch er die Bundeswehr mobilisieren und tat dies auch – allerdings mit deutlich modernerer Technik. Unter der Motorhaube arbeitete nun ein knapp 1,7 Liter großer wassergekühlter Vierzylinder mit 75 PS aus den Konzernregalen. Ein zuschaltbarer Vierradantrieb sorgte für den bei der Truppe gewünschten Vortrieb. Auch Zivilisten konnten den Iltis erwerben. Bei einem Einstandspreis von 40.000 DM blieb die Nachfrage erwartungsgemäß gering. Als Fußnote der Automobilhistorie bleibt aber, dass der Iltis vor allem bei Audi das Thema Allradantrieb auf die Tagesordnung setzte.

Volkswagen Jetta I

Baujahr	1979-1983
Motor-Bauart	Vierzylinder (Reihe)
Hubraum (cm³)	1093, 1272, 1457, 1471, 1588
Leistung (PS/U/min)	50 bei 5000 bis 110 bei 6100
Vmax in (km/h)	142 bis 182
Bauart	Limousine (2-/4-türig)
Produktionszahl	ca. 616.000

Es dauerte nahezu sechs Jahre, bis sich die Produktplaner in Wolfsburg dazu entschieden, das Golf-Thema ein wenig zu variieren. 1979 wurde der Golf mit traditionellem Kofferraum in das Modellangebot aufgenommen. Bei der Namensfindung hatte man allerdings keine besonders glückliche Hand: Jetta hieß der neue Wagen, der für ein konservativeres Publikum gedacht war, das moderne Technik eher in traditioneller Verpackung bevorzugte. Technisch gab es keine Veränderungen gegenüber dem Golf, aber dessen ungemein positives klassenloses Image blieb dem Stufenheckmodell zeitlebens verwehrt.

Volkswagen Golf Cabriolet

Baujahr	1980-1992
Motor-Bauart	Vierzylinder (Reihe)
Hubraum (cm³)	1457, 1781
Leistung (PS/U/min)	70 bei 5600, 112 bei 5800
Vmax in (km/h)	150 bis 180
Bauart	Cabriolet
Produktionszahl	ca. 80.000

Als das Golf-Cabrio 1980 in Serie ging, befanden sich die Seelen der VW-Fans in heller Aufruhr. Einerseits ließ Volkswagen das Cabrio – trotz schwelender Sicherheitsdiskussion – auch nach dem Käfer nicht sterben, andererseits erschien der geöffnete Golf mit seinem Überrollbügel (Stichwort „Erdbeerkörbchen") und dem Mini-Kofferraum im Vergleich zum kultigen Käfer eine stilistische Katastrophe zu sein. Es dauerte Jahre, bis sich die Gemüter der Enthusiasten beruhigt hatten – inzwischen war das Golf-Cabrio nämlich von breiten Kundenkreisen wegen seiner unbestreitbaren Qualitäten voll akzeptiert und zum Verkaufsschlager geworden. Heute genießen die offenen Golf I den selben Kultstatus wie seinerzeit das Käfer-Cabrio – so ändern sich die Zeiten…

Volkswagen 1600 (Mexiko-Käfer)

Kaum zu glauben: Der gute alte Käfer wurde in Mexiko noch bis 2003 gefertigt. An seiner Grundkonzeption hatte sich bis zum Schluss, nach weit über 21 Millionen produzierten Exemplaren, nichts geändert. Einige auch für den mexikanischen Markt notwendig gewordene Modifikationen wie eine Benzineinspritzung und Katalysator hielten ihn mühsam am Leben. Nur vereinzelt und auf private Initiative kamen neue Mexiko-Käfer noch auf den deutschen Markt – quasi als lebendes Fossil. Das hatte zwar seinen Reiz, aber als praktische und preiswerte Alltagsmotorisierung war er kaum mehr tauglich.

Baujahr	1985-2003
Motor-Bauart	Vierzylinder (Boxer)
Hubraum (cm³)	1584
Leistung (PS/U/min)	50 bei 4000
Vmax in (km/h)	140
Bauart	Limousine (2-türig)
Produktionszahl	k.A.

Volkswagen Golf Rallye

Baujahr	1989-1991
Motor-Bauart	Vierzylinder (Reihe)
Hubraum (cm³)	1763
Leistung (PS/U/min)	160 bei 5600
Vmax in (km/h)	210
Bauart	Limousine (2-türig)
Produktionszahl	5000

Der Golf bekam Ende der achtziger Jahre ernsthafte motorsportliche Ambitionen. Mit einem von 1989 bis 1991 in nur 5000 Exemplaren gebauten Sondermodell namens Rallye Golf sollte sportlicher Lorbeer vor allem auf Rallyepfaden errungen werden. Die technischen Voraussetzungen dafür waren zweifellos gegeben. Der Rallye Golf verfügte über den 160 PS starken aufgeladenen G60-Motor des Corrado, permanenten Allradantrieb und bauchige Kotflügelverbreiterungen für die Verwendung breiter Räder. Schlagzeilenträchtige Erfolge im großen Rallyesport blieben jedoch Mangelware. Viele Rallye Golf landeten aber in den Händen von Automobilliebhabern, die sie bis heute hegen und pflegen.

Volkswagen Golf Country

Baujahr	1990-1991
Motor-Bauart	Vierzylinder (Reihe)
Hubraum (cm³)	1760
Leistung (PS/U/min)	98 bei 5400
Vmax in (km/h)	163
Bauart	Limousine (4-türig)
Produktionszahl	7735

Aus heutiger Sicht erscheint der 1990 präsentierte Golf Country wie eine automobile Karikatur – dabei leistete VW mit ihm wichtige, wenn auch verfrühte Pionierarbeit in Sachen SUV, von der letztlich noch der aktuelle Tiguan profitiert. Auf der Suche nach Verwendungsmöglichkeiten für den seinerzeit eingeführten permanenten Allradantrieb namens „syncro" verfiel man auf die Idee, einen viertürigen Golf II zu einem milden Offroadmodell mit Limousinenqualitäten zu machen. So addierten sich der intelligente„syncro"-Antrieb, ein höhergelegtes Fahrwerk, martialische Rammschutzbügel und ein außen angebrachtes Ersatzrad zu einem im Erscheinungsbild recht gewöhnungsbedürftigen Fahrzeug. Das Publikum sah das wohl auch so, denn weniger als 8000 Exemplare des Golf Country fanden einen Käufer. Damals war man offensichtlich noch der Meinung, dass Offroad-Optik und -technik im ganz normalen Autoalltag völlig überflüssig sei.

Volkswagen Scirocco II

Baujahr	1982-1992
Motor-Bauart	Vierzylinder (Reihe)
Hubraum (cm³)	1272 bis 1761
Leistung (PS/U/min)	60 bei 5600 bis 139 bei 6100
Vmax in (km/h)	160 bis 205
Bauart	Coupé
Produktionszahl	k.A.

Volkswagen hatte mit dem 1974 erschienenen Scirocco I großen Erfolg gehabt. Die nächste Modellgeneration, der 1991 eingeführte Scirocco II, sollte daran anknüpfen. Die Forderungen an das neue Modell waren klar: Es sollte mehr Platz für Insassen und Gepäck bieten und dank strömungsoptimierter Karosserie günstiger im Verbrauch sein. Beide Vorgaben wurden vom Scirocco II erfüllt, obwohl die meisten Technikkomponenten von seinem Vorgängermodell stammten. Eine bemerkenswerte Neuheit war 1985 der eigene 16-Ventil-Motor mit 129 PS, der glänzende Fahrleistungen ermöglichte. Zahlreiche Modellpflegemaßnahmen und Sondermodell-Editionen hielten das Kundeninteresse bis zum Produktionsende im Herbst 1992 wach.

Volkswagen Corrado

Baujahr	1988-1995
Motor-Bauart	Vierzylinder (Reihe), VR6
Hubraum (cm³)	1781 bis 2861
Leistung (PS/U/min)	139 bei 6300 bis 190 bei 5800
Vmax in (km/h)	205 bis 235
Bauart	Coupé
Produktionszahl	k.A.

Eigentlich als Nachfolger für den Scirocco II gedacht, fand der 1988 präsentierte Corrado in der VW Typenhierarchie seinen Platz oberhalb traditionellen Sportcoupés. In seiner äußeren Erscheinung war er mit seiner knappen, kompakt gezeichneten Karosserie sehr viel näher am Ur-Scirocco. Ebenso bot er weniger Platz als der Scirocco II – dafür aber eine wesentlich interessantere Motorenpalette, die ihm in jedem Fall zu guten bis ausgezeichneten Fahrleistungen beflügelte. Der „Edel-Scirocco" war auf dem deutschen Markt mit der 2-Liter-16V-Maschine, dem aufgeladenen 1,8-Liter-G60-Motor mit 160 PS und als Krönung dem auf 190 PS leistungsgesteigerten VR6-Triebwerk mit 2,9 Litern Hubraum zu haben. Mit letzterer Ausstattung stieß er in Fahrleistungsbereiche eines Porsche 944 S2 vor. Heute ist der Corrado unter eingefleischten VW-Fans eine echte Ikone der Marke.

Volkswagen Golf III

Waren die ersten beiden Generationen von Deutschlands beliebtestem und meistverkauftem Auto in ihrem äußeren Erscheinungsbild noch relativ ähnlich, so war die Präsentation des Golf III doch ein kleiner Schock: Mit seiner deutlich rundlicheren Form hob er sich eindeutig von den Vorgängerserien ab – nicht zur Freude jedes Kunden. Unter dem Blech hatte jedoch eine Menge Entwicklungsarbeit stattgefunden, die den Golf zu einem immer erwachseneren – aber auch schwergewichtigeren – Auto machte. Sogar Sechszylindermotoren fanden auf Wunsch den Weg unter die Haube, genauso wie Allradantrieb und erstmals eine Kombiversion namens Variant. Auch ein neues Cabrio kam 1993 hinzu.

Baujahr	1991-1997
Motor-Bauart	Vierzylinder (Reihe), VR6
Hubraum (cm³)	1391 bis 2861
Leistung (PS/U/min)	55 bei 4700 bis 190 bei 5800
Vmax in (km/h)	155 bis 210
Bauart	Limousine (3-türig), Limousine (5-türig), Cabrio
Produktionszahl	k.A.

Volkswagen Passat (B5)

Seit 1973 besetzt der Passat von VW die Rolle des typischen Familien- und Geschäftsautos der Mittelklasse. Als Limousine und mehr noch als Variant genannter Kombi ist er ein Garant für geräumige, robuste und jederzeit verlässliche Motorisierung. Der 1996 auf den Markt gebrachte Passat der Serie B5 überzeugte besonders durch sein harmonisches Äußeres, ein breites Angebot an Antriebsaggregaten, vielfältige Ausstattungsvarianten und Langlebigkeit. Technisch ist der Passat eng mit den Mittelklasse-Audis A4 und A6 verwandt, was sich auf die Verkaufszahlen dieser Modellreihen aber keineswegs negativ auswirkte. Der Versuch, mit dem Passat W8 ein Achtzylinder-Spitzenmodell zu etablieren scheiterte allerdings schon nach gut drei Jahren.

Baujahr	1996-2005
Motor-Bauart	Vierzylinder (Reihe), VR5, V6, W8
Hubraum (cm³)	1595 bis 3999
Leistung (PS/U/min)	90 bei 4000 bis 275 bei 6000
Vmax in (km/h)	185 bis 240
Bauart	Limousine (4-türig), Limousine (5-türig)
Produktionszahl	k.A.

Volkswagen New Beetle

Baujahr	seit 1997
Motor-Bauart	Vierzylinder (Reihe)
Hubraum (cm³)	1390 bis 3189
Leistung (PS/U/min)	75 bei 5000 bis 224 bei 6200
Vmax in (km/h)	165 bis 220
Bauart	Limousine (2-türig), Cabrio
Produktionszahl	k.A.

Mitte der neunziger Jahre kam das sogenannte Retrodesign in Mode, bei dem sich die Gestaltung aktueller Fahrzeugmodelle am historischen Vorbild orientierte. Was BMW mit dem Mini in perfekter Weise gelang, war beim Ende 1997 auf den Markt gebrachten VW New Beetle nicht annähernd so erfolgreich. Im Gegensatz zum Käfer besaß der New Beetle Frontmotor samt –antrieb sowie eine Heckklappe und basierte auf technischen Komponenten des Golf. Obwohl die typische Käfer-Linie trotz Neuinterpretation sehr gut getroffen worden war, kam der New Beetle bei Publikum nicht so recht an. Er bot nicht allzu viel Platz, war fühlbar teurer als etwa ein gleich motorisierter Golf und blieb zeitlebens ein Nischenmodell – trotz des 2003 nachgereichten ausgesprochen hübschen Cabrios.

Volkswagen Golf VI

Baujahr	1997-2002
Motor-Bauart	Vierzylinder (Reihe), VR5, VR6
Hubraum (cm³)	1390 bis 3189
Leistung (PS/U/min)	68 bei 4200 bis 241 bei 6250
Vmax in (km/h)	160 bis 235
Bauart	Limousine (3-türig), Limousine (5-türig), Kombi
Produktionszahl	k.A.

Der Golf bleibt der Golf – das änderte sich auch 1997 nicht, als die dritte Generation ausgedient hatte und durch den Golf IV abgelöst wurde. Vom Kompaktwagen der unteren Mittelklasse hatte sich der Multimillionenseller aus Wolfsburg längst zum klassenlosen Allzweckmobil für alles und jeden entwickelt – ganz wie ehedem der Käfer. Im Lauf der Zeit immer höher technisch spezifiziert verfügte die jüngste Ausgabe über Fahreigenschaften und –leistungen, die denen eines 3er BMW oder der Mercedes-Benz C-Klasse in nichts nachstanden – wer wollte, konnte für seinen Golf auch die gleiche Menge Geld investieren und ihn besonders edel motorisieren und ausstatten.

Baujahr	1998-2004
Motor-Bauart	Dreizylinder (Reihe), Vierzylinder (Reihe)
Hubraum (cm³)	999 bis 1716
Leistung (PS/U/min)	50 bei 5000 bis 125 bei 6000
Vmax in (km/h)	145 bis 190
Bauart	Limousine (3-türig)
Produktionszahl	k.A.

Volkswagen Lupo

Erstmals besetzte VW das Marktsegment unterhalb des Polo im Jahr 1998 mit einem Fahrzeug, das nahezu baugleich auch als Seat Arosa vom Band lief. Der VW Lupo brillierte mit extrem kompakten Ausmaßen, einem im gegebenen Rahmen guten Raumangebot und einer breiten Auswahl an Motoroptionen. Sie reichten vom Dreizylinder mit 1,2 Litern Hubraum im Lupo 3L TDI bis hin zum 1,6-Liter-Vierzylinder mit 125 PS im Lupo GTI. Während diese Modelle Randerscheinungen blieben, wurde das Gros der Lupo-Modelle mit den 1,4-Liter-Benzinern oder dem gleich großen TDI-Diesel geordert. Der hohe Aufwand und die deshalb schwierige Ertragssituation beim Lupo veranlasste VW schließlich im Jahr 2005, dieses Modell einzustellen und statt dessen den kostengünstiger zu produzierenden, aber auch deutlich simpler gestrickten VW Fox aus Brasilien ins Programm zu nehmen.

Volkswagen Phaeton

Baujahr	seit 2002
Motor-Bauart	V6, V8, V12
Hubraum (cm³)	2967 bis 5998
Leistung (PS/U/min)	240 bei 4800 bis 450 bei 5400
Vmax in (km/h)	230 bis 250
Bauart	Limousine (4-türig)
Produktionszahl	k.A.

VW-Lenker Ferdinand Piëch war es ein Anliegen, die ganze Kompetenz seiner vielköpfigen Ingenieurschar sich in einem Auto kristallisieren zu lassen, das man am allerwenigsten von einem Hersteller mit dem Namen Volkswagen erwartet hatte. Der 2002 präsentierte Phaeton, eine Limousine der absoluten Oberklasse, trat in Konkurrenz zu den Topmodellen der Mercedes-Benz S-Klasse, zum 7er von BMW und nicht zuletzt zum Halbbruder Audi A8. Der unbestreitbare Imagenachteil eines VW in diesem Marktsegment sollte mit einem Feuerwerk an technischen Feinheiten überdeckt werden, was durchaus gelang. Benzinmotoren von Sechs- bis zum Zwölfzylinder sowie V6- und V10-Dieseltriebwerke garantierten souveräne Fahrleistungen. Zwar ließen die Verkaufszahlen des Phaeton insgesamt zu wünschen übrig, doch die Brillanz des Wagen sicherte ihm dennoch eine treue und überzeugte Gefolgschaft.

Volkswagen Touareg

2002, ein Jahr vor dem Porsche Cayenne, mit dem er die Plattform und verschiedene technische Komponenten teilt, stellte VW den Touareg der Öffentlichkeit vor. Im Boom-Markt der großvolumigen SUV-Fahrzeuge begab man sich damit in Konkurrenz zur Mercedes-Benz M-Klasse und dem BMW X5. Hoher technischer Aufwand bei Fahrwerk und Allradantrieb garantierte, dass der Touareg auf der Straße wie im Gelände gleichermaßen exzellent voran kam und die Wettbewerber zumeist hinter sich ließ. Das Motorenangebot entsprach im Wesentlichen dem des im gleichen Jahr vorgestellten Phaeton. Im Unterschied zu diesem wurde der – ebenfalls empfindlich teure – Touareg jedoch ein großer Verkaufserfolg.

Baujahr	seit 2002
Motor-Bauart	Fünfzylinder (Reihe), V6, V8, V10, V12
Hubraum (cm³)	2460 bis 5998
Leistung (PS/U/min)	174 bei 4500 bis 450 bei 5400
Vmax in (km/h)	205 bis 240
Bauart	Kombi (5-türig)
Produktionszahl	k.A.

Volkswagen Golf V

Baujahr	2003-2007
Motor-Bauart	Vierzylinder (Reihe), V6
Hubraum (cm³)	1390 bis 3189
Leistung (PS/U/min)	75 bei 5000 bis 250 bei 6300
Vmax in (km/h)	165 bis 240
Bauart	Limousine (3-türig), Limousine (5-türig), Kombi
Produktionszahl	k.A.

Seinen Rang als Deutschlands meistgekauftes und beliebtestes Auto hatte der Golf auch nicht verloren, als der nächste Generationswechsel bevorstand. 2003 erblickte der Golf V das Licht der Welt und erntete zu Beginn etwas Skepsis auf Grund seiner Formgebung, die verschiedentlich Widerspruch herausforderte. Aber schnell gewöhnte sich das Publikum an die neue Optik, zumal wie üblich die inneren Werte des Golf überzeugten. Eine neue aufwändige Hinterachse, überarbeitete Benzin- und Dieselmotoren von 1,4 bis 3,2 Liter Hubraum sowie die auf den neuesten Stand gebrachte Sicherheitstechnik zementierten die führende Rolle des Golf in der nach ihm benannten Fahrzeugklasse. Technische Highlights waren der auf 200 PS erstarkte Golf GTI und der Golf GT mit 1,4 Liter großem TSI-Triebwerk, das mit Stufenaufladung durch Turbolader und Kompressor 170 PS bereit stellt.

Volkswagen Polo IV

Baujahr	2005-2008
Motor-Bauart	Dreizylinder (Reihe), Vierzylinder (Reihe)
Hubraum (cm³)	1198 bis 1896
Leistung (PS/U/min)	60 bei 5200 bis 180 bei 5800
Vmax in (km/h)	155 bis 215
Bauart	Limousine (3-türig), Limousine (5-türig)
Produktionszahl	k.A.

Im Laufe der Jahre wurde nicht nur der Golf immer erwachsener, auch der Polo war mit all seinen Talenten nicht mehr das einfache Einsteigermodell, sondern zu einem hochwertigen – und nicht ganz billigen – Vertreter der Kleinwagenklasse geworden, der im nationalen wie internationalen Konkurrenzumfeld die Standards setzte. Mit dem Steilheck-Konzept hatte VW den Polo unter dem Aspekt des praktischen Nutzwerts optimal positioniert. Als etwas kleinerer Golf, aber mit dem gleichen Aufwand wie dieser konstruiert, und in vielen Varianten lieferbar, schuf sich der Polo – sei es als leistungsstarker GTI, als CrossPolo in Offroad-Optik oder als Ressourcen schonender Polo BlueMotion – europaweit Millionen Freunde. Im Frühjahr 2009 steht übrigens der nächste Generationswechsel an.

Volkswagen EOS

Baujahr	seit 2006
Motor-Bauart	Vierzylinder (Reihe), VR6
Hubraum (cm³)	1390 bis 3189
Leistung (PS/U/min)	115 bei 6000 bis 250 bei 6300
Vmax in (km/h)	200 bis 230
Bauart	Coupé/Cabrio
Produktionszahl	k.A.

Mit dem nach dem griechischen Sonnengott benannten Eos beugte sich VW dem Trend nach Cabrios mit versenkbarem Blechdach. Was die Franzosen von Peugeot und Renault konnten, und auch Opel und Ford anboten oder anzubieten planten, konnte für VW nicht tabu sein. Der Eos wurde mit einem beherzten Griff ins VW-Teileregal realisiert. Er basiert auf der Golf V-Plattform und verfügt über die aktuellen Fahrwerkskomponenten des Passat. Es kommen Vier- und Sechszylinder-Benzinmotoren bis zum 3,2-Liter zum Einsatz, darüber hinaus auch der bekannte Zweiliter-Diesel. Das dreiteilige Dach verschwindet in weniger als einer halben Minute elektrisch unter der Kofferraumklappe und verhilft vier Passagieren zum gewünschten Frischlufterlebnis.

Volkswagen Golf VI

Baujahr	seit 2008
Motor-Bauart	Vierzylinder (Reihe), V6
Hubraum (cm³)	1390 bis 1984
Leistung (PS/U/min)	80 bei 5000 bis 210 bei 6200
Vmax in (km/h)	175 bis 225
Bauart	Limousine (3-türig), Limousine (5-türig)
Produktionszahl	k.A.

Der aktuelle Golf markierte bei seiner Markteinführung im Jahr 2008 einen erneuten Sprung in Sachen technischer Qualität. Den Wolfsburger Ingenieuren gelang eine weitere deutliche Verfeinerung in allen Bereichen – und die Optik der neuen Generation war diesmal nur sehr vorsichtig verändert worden. Außer einer leichten Straffung der Linien kann der oberflächliche Betrachter kaum Unterschiede zum Vormodell ausmachen. Die Motorenpalette stammte im Wesentlichen vom Golf V wurde aber wiederum überarbeitet. Auf breiterer Front kommt nun das 7-Gang-DSG-Getriebe zum Einsatz, das auf mechanischem Weg und ohne Zugkraftunterbrechung für effektivste Gangwechsel ohne Kupplungseinsatz sorgt.

Volkswagen Scirocco III

Baujahr	seit 2008
Motor-Bauart	Vierzylinder (Reihe)
Hubraum (cm³)	1390 bis 1984
Leistung (PS/U/min)	122 bei 6000
	bis 200 bei 6000
Vmax in (km/h)	205 bis 230
Bauart	Coupé
Produktionszahl	k.A.

Nach mehr als 15 Jahren reaktivierte VW den legendären Modellnamen Scirocco für sein neues 2+2-sitziges Sportcoupé, das im Frühjahr 2008 debütierte. Breit, flach und insgesamt aggressiver im optischen Auftritt zielt es bei gleichem Grundkonzept auf eine weniger bürgerliche Kundschaft als es seine Vorläufer taten. Mit Benzinmotoren von 122 bis 200 PS und dem 140 PS starken TDI-Dieseltriebwerk ist der neue Scirocco erfreulich vernünftig motorisiert. Da sich die Marktgegebenheiten in der Zwischenzeit erheblich verändert haben, rechnen die Verkaufsstrategen bei VW nicht mit annähernd so hohen Absatzzahlen wie vor rund 20 Jahren – dennoch ist der Scirocco eine höchst attraktive Abrundung der Modellpalette.

VW-Porsche 914/6

Baujahr	1969-1972
Motor-Bauart	Sechszylinder (Boxer)
Hubraum (cm³)	1991
Leistung (PS/U/min)	110 bei 5800
Vmax in (km/h)	201
Bauart	Coupé (Dachteil entfernbar)
Produktionszahl	3332

Selbst mit reiner Porsche-Mechanik versehen, nämlich dem 110 PS starken Sechszylinder aus dem 911 T, wurde der 914 als 914/6 ein Flopp. Fahrdynamisch und akustisch konnte er dem alten Elfer zwar mindestens Paroli bieten, aber die Belastung durch das wenig attraktive VW-Images sowie der stattliche Verkaufspreis machten aus ihm ein echtes Individualistenauto.

VW-Porsche 914, 914 1.7, 914 1.8, 914 2.0

Baujahr	1969-1975
Motor-Bauart	Vierzylinder (Boxer)
Hubraum (cm³)	1679, 1795, 1971
Leistung (PS/U/min)	80 bei 4900 bis 100 bei 5000
Vmax in (km/h)	170 bis 190
Bauart	Coupé (Dachteil entfernbar)
Produktionszahl	115.646

Eigentlich eine bestechende Idee, den Klang des Namens Porsche, ein modernes Mittelmotorkonzept und preiswerte VW-Motorisierung miteinander zu kombinieren und so den Sportwagenmarkt im Sturm zu nehmen. Leider passte dies alles nicht wirklich gut zusammen: Die Karosserieform war Geschmackssache, aus dem VW-Porsche wurde schnell der bespöttelte „Vopo" und der kompromisslose Zweisitzer bot zwar hervorragende Fahreigenschaften, aber sehr wenig Nutzwert im Alltagseinsatz.

Wartburg 311, 312

In der DDR lebte die Tradition der DKW-Zweitakter munter weiter. Was im Westen längst zum Scheitern verurteilt war, repräsentierte seinerzeit den technischen Stand der staatlich gelenkten Automobilindustrie. Die knorrigen Wartburg-Limousinen taten unauffällig ihre Pflicht im Alltag und haben heute, 20 Jahre nach dem Mauerfall, wieder an exotischem Reiz gewonnen. Besonders hübsch waren übrigens die Cabriolet- und Hardtop-Varianten, die erstaunlicher Weise ebenfalls in der Modellpalette vertreten waren.

Baujahr	1956-1966
Motor-Bauart	Dreizylinder-Zweitaktmotor
Hubraum (cm³)	900, 992
Leistung (PS/U/min)	37 bei 4000 bis 45 bei 4200
Vmax in (km/h)	100 bis 122
Bauart	Limousine (4-türig), Kombi (3-türig)
Produktionszahl	292.723 (o. Sport)

Wartburg Cabrio und Reise-Coupé

Baujahr	1956-1966
Motor-Bauart	Dreizylinder-Zweitaktmotor
Hubraum (cm³)	900, 992
Leistung (PS/U/min)	37 bei 4000 bis 45 bei 4200
Vmax in (km/h)	115 bis 125
Bauart	Cabriolet, Coupé
Produktionszahl	k.A.

In der Frühzeit nach dem Mauerbau ließen sich in der ehemaligen DDR tatsächlich noch vereinzelte Signale wahrnehmen, die sich um die Befriedigung des Bedürfnisses nach Individualität mühten. Die extravaganten Cabrio- und Hardtop-Versionen des Wartburg 311/312 waren ein solches. Sie zeigten ein gelungenes Design ihrer zweitürigen Karosserie und orientierten sich ganz offensichtlich an Vorbildern aus dem Westen.

Wartburg Sport

Baujahr	1957-1960
Motor-Bauart	Dreizylinder-Zweitaktmotor
Hubraum (cm³)	900
Leistung (PS/U/min)	50 bei 4500
Vmax in (km/h)	140
Bauart	Cabriolet
Produktionszahl	469

Auf die Spitze hatten es die Eisenacher VEBler schon vor dem Mauerbau getrieben. 1957 präsentierten sie sogar einen attraktiven Zweisitzer, der gewisse optische Anleihen an amerikanischen Vorbildern nahm. Auf der vorhandenen Bodengruppe des 311 durften sich die Karosseriestilisten nach Herzenslust austoben, schließlich war nur Raum für zwei Passagiere zu schaffen. Der auf 50 PS getriebene Dreizylinder-Zweitakter, ein winziges Motörchen, dürfte unter der ellenlangen Motorhaube dabei kaum aufgefallen sein.

Wartburg Camping Limousine

Baujahr	1957-1963
Motor-Bauart	Dreizylinder-Zweitaktmotor
Hubraum (cm³)	900, 992
Leistung (PS/U/min)	37 bei 4000 bis 45 bei 4200
Vmax in (km/h)	100 bis 105
Bauart	Kombi (5-türig)
Produktionszahl	k.A.

Eine besonders ansehnliche 311- bzw. 312-Variante war die sogenannte Camping-Limousine – speziell geeignet für den so intensiv urlaubenden DDR-Bürger... Schmückendes Beiwerk in Form verschnörkelter Chromleisten, eine Zweifarbenlackierung und natürlich der üppig verglaste Kombiaufbau gaben ihr ein besonderes Gepräge. Technisch war sie freilich kein Stückchen moderner als ihre Limousinen-Genossinnen – schließlich arbeiteten die Cousins von DKW in Ingolstadt nach dem gleichen antiquierten Zweitakt-Konzept.

Wartburg 353

Auf der Höhe der Zeit präsentierte sich 1966 der Nachfolger des Wartburg 312. Mit aufwändiger Fahrwerkstechnik und zeitlos eleganter Karosserie konnte er durchaus punkten. Die Ära des Zweitaktmotors war aber – international betrachtet – definitiv beendet. Die politisch Verantwortlichen in der DDR focht das aber nicht an – am Zweitakter musste festgehalten werden. Lieferbar waren die Karosserie-Varianten viertürige Limousine und fünftüriger Kombi. Beide waren in der Standard- wie auch in einer Luxus-Ausführung erhältlich.

Baujahr	1966-1988
Motor-Bauart	Dreizylinder-Zweitaktmotor
Hubraum (cm³)	992
Leistung (PS/U/min)	45 bei 4250 bis 50 bei 4250
Vmax in (km/h)	125 bis 130
Bauart	Limousine (4-türig), Kombi (5-türig)
Produktionszahl	1.225.190

Zündapp Janus

Baujahr	1957-1958
Motor-Bauart	Einzylinder-Zweitaktmotor
Hubraum (cm³)	248
Leistung (PS/U/min)	14 bei 5000
Vmax in (km/h)	80
Bauart	Limousine (2-türig)
Produktionszahl	6902

Der Name dieses deutschen Kleinwagens war Programm, denn der Flugzeugkonstrukteur Claudius Dornier hatte wieder mal einen Geniestreich gelandet – diesmal jedoch auf dem automobilen Sektor. Geplant als Dornier Delta, jedoch in Produktion genommen beim Münchner Zweiradhersteller Zündapp, sah der „Janus" von vorne und von hinten fast völlig gleich aus. Konsequenterweise saßen die bis zu vier Insassen zu je Zweien Rücken an Rücken. Technisch clever ausgedacht, aber leider ohne die Befindlichkeiten des bundesdeutschen Autokäufers zu berücksichtigen.

Index

R8
IN
D

8011

DAIMLER BENZ A-G

Fotonachweis, Danksagung

Fotonachweis

Archive:
Audi AG/Tradition
BMW AG Konzernarchiv
Daimler AG
Ford-Werke AG, Köln
General Motors Corporation
Porsche Konzernarchiv
Volkswagen AG

Fotografen
Andreas Beyer
Jörg Hajt
Michael Herbold (†), Ludwigshafen
Dieter Rebmann
Martin Sauter
Jürgen Schlegelmilch
Michael Schröder
Götz Sternenfels
Günther Zink

Danksagung

Mit herzlichem Dank an Jürgen Schlegelmilch für seine große Unterstützung bei der Realisierung dieses Projekts.